ZEITSCHRIFT FÜR ANGEWANDTE GEOLOGIE

HERAUSGEGEBEN VOM
ZENTRALEN GEOLOGISCHEN INSTITUT
IM AUFTRAG DES
STAATSSEKRETARIATS FÜR GEOLOGIE

AUS DEM INHALT

H. Glander
Hydrogeologische Kartierung in der DDR und ihre Aussage für die Regionalprognose nutzbaren Grundwassers

L. Luckner
Problematik der Berechnung nichtstationärer Grundwasserströmungen durch Vorgabe von Absenkungsstadien

W. F. Barabanow
Die Genese hydrothermaler Gänge und das Problem der Herkunft ihres mineralischen Stoffbestands

E. Stolle
Klassifizierung der Veränderlichkeit der wichtigsten Kalilagerstättenmerkmale

B. Preuß
Zur Problematik von objektiven Reflexionsmessungen

M. Lange & S. Putscher
Über die Beziehungen zwischen petrographischen Parametern und gesteinstechnischen Kennwerten von Festgesteinen

AKADEMIE-VERLAG · BERLIN

BAND 15 / HEFT 11
NOVEMBER 1969
SEITE 559—610

	INHALT	СОДЕРЖАНИЕ	CONTENTS	
GLANDER, H.	Hydrogeologische Kartierung in der DDR und ihre Aussage für die Regionalprognose nutzbaren Grundwassers	Гидрогеологическая съемка в ГДР и ее высказывание для регионального прогноза полезных подземных вод	Hydrogeological Mapping in the G. D. R. and its Evidence for the Regional Prognosis of Useful Ground Water	559
LUCKNER, L.	Problematik der Berechnung nichtstationärer Grundwasserströmungen durch Vorgabe von Absenkungsstadien	Проблематика подсчета неустановившихся течений грунтовых вод путем планирования стандий понижения	The Problematic Character of Calculating Non-Steady Ground Water Flows by Giving Lowering Stages	564
STROGANOW, W. P.	Über den Einfluß toniger Deckschichten auf die Lage des Gas/Wasser- und Gas/Öl-Kontakts in mehrschichtigen Lagerstätten	О влиянии глинистой покрышки на расположение контактов газ-вода и газ-нефть на многопластовых месторождениях	Influence of Argillaceous Upper Layers on the Position of the Gas/Water and Gas/Oil Contact in Deposits Consisting of Several Layers	572
USPENSKI, W. A.	Über die Grundlagen der genetischen Klassifikationen fossiler organischer Substanzen verschiedener Art	Основы генетической классификации ископаемых органических веществ различного вида	On the Bases of the Genetic Classification of Various Kinds of Fossil Organic Substances	575
BARABANOW, W. F.	Die Genese hydrothermaler Gänge und das Problem der Herkunft ihres mineralischen Stoffbestandes	Генезис гидротермальных жил и проблема источника минерального вещества жил	The Genesis of Hydrothermal Veins and the Problem of the Origin of their Mineral Composition	577
STOLLE, E.	Klassifizierung der Veränderlichkeit der wichtigsten Kalilagerstättenmerkmale	Классификация изменяемости важнейших признаков калийных месторождений	Classification of the Variability of the Most Important Characteristics of Potash Deposits	584
WELINSKIJ, W. W.	Wie und wo bilden sich Magmen?	Как и где образуются магмы?	How and Where Are Formed Magmas?	588
PETROW, A. P., & M. M. ELLANSKIJ	Die Klassifikation geologischer Objekte mit Hilfe von Zeichenerkennungsprogrammen und Programmen der mehrfachen Regressionsanalyse	Классификация геологических объектов с помощью программ распознавания образов и программ многомерного регрессивного анализа	The Classification of Geological Objects by Means of Sign Identification Programmes and Programmes of Multiple Regression Analysis	590
PREUSS, B.	Zur Problematik von objektiven Reflexionsmessungen I. Prüfungsmöglichkeiten der Standardoberflächen	О проблематике объективных измерений отражательной способности. I. Возможности проверки стандартных поверхностей	On the Problematic Character of Objective Reflection Measurements. I. Possibilities of Testing Standard Surfaces	591
LANGE, M., & S. PUTSCHER	Über die Beziehungen zwischen petrographischen Parametern und gesteinstechnischen Kennwerten von Festgesteinen. Dargestellt am Beispiel eines Syenitporphyrs	О связях петрографических параметров с породо-техническими показателями твердых пород. Изображено на примере сиенит-порфира	On Relations between Petrographical Parameters and Technical Characteristics of Solid Rocks. Illustrated by the Example of a Syenite Porphyry	596
NÖLDEKE, W.	Das Obervisé von Doberlug-Kirchhain	Верхневизейские отложения около Доберлуг-Кирхгайна	The Upper Visean of Doberlug-Kirchhain	600
KAUTER, K.	Bauxitvorräte kapitalistischer Länder	Запасы бокситов капиталистических стран	Bauxite Reserves of Capitalist Countries	603

Besprechungen und Referate, Informationen und Kurznachrichten 605

Die ZEITSCHRIFT FÜR ANGEWANDTE GEOLOGIE berichtet ständig über folgende Arbeitsgebiete: Geologische Grundlagenforschung und Lagerstättenforschung / Methodik der geologischen Erkundung / Ökonomie und Planung der geologischen Erkundung Technik der geologischen Erkundung / Geologie und Lagerstättenkunde im Ausland. In der Zeitschrift können alle strittigen Fragen der praktischen Geologie behandelt werden. Die Autoren übernehmen für ihre Aufsätze die übliche Verantwortung.

ZEITSCHRIFT FÜR ANGEWANDTE GEOLOGIE

Träger der Ehrennadel in Gold der Gesellschaft für Deutsch-Sowjetische Freundschaft

KOLLEKTIVE CHEFREDAKTION

Dr. K. KAUTER (Redaktionssekretär)
Prof. Dr. F. STAMMBERGER
Dr. habil. G. TISCHENDORF

BAND 15 · NOVEMBER 1969 · HEFT 11

Hydrogeologische Kartierung in der DDR und ihre Aussage für die Regionalprognose nutzbaren Grundwassers

HARTMUT GLANDER, Berlin

(Beitrag aus dem Zentralen Geologischen Institut, Berlin)

1. Einführung

Die elementare Bedeutung des Wassers für die natürlichen Prozesse einerseits und für unseren sozialistischen Aufbau andererseits ist hinlänglich bekannt und in vielen Publikationen unterstrichen worden. Mit steigender Inanspruchnahme des Oberflächenwassers im industriellen und kommunalen Nutzungsbereich ist eine zunehmende Verschlechterung der Wasserqualität die Folge. Eine volle Regenerierung der abwässerbelasteten Gewässer besonders in den Industrie- und Siedlungsballungsgebieten dürfte trotz erheblicher Anstrengungen nicht mehr möglich sein. In verschiedenen Gebieten überschreitet der Betriebs- und Trinkwasserbedarf bereits das Oberflächenwasserdargebot. In dieser Situation erlangen die Grundwasserlagerstätten, ihre Erkundung und Nutzung steigende Bedeutung. Die Nutzung der Grundwasserlagerstätten, jetzt noch vorwiegend an die lokalen Bedarfsträger gebunden, wird in zunehmendem Maße im Sinne einer überregionalen Bedarfsabdeckung bzw. durch Versorgungsringe von Grundwasserüberschußgebieten zu Wassermangelgebieten geschehen müssen. Eine Grundlage für diese prognostischen regionalen und lokalen Einschätzungen stellt neben den laufenden Erkundungsarbeiten, die sich vorwiegend mit der Lösung der gegenwärtigen Aufgaben in der Suche und dem Nachweis von Grundwasser beschäftigen, die hydrogeologische Kartierung verschiedener Maßstäbe und damit verschiedenen Aussagegrades dar.

Das Grundwasser als Bildner eigener Lagerstätten und als Teilstück des Wasserkreislaufes wird durch die hydrogeologische Kartierung im Rahmen einer routinemäßigen Analyse der Sedimentkomplexe und somit auch hinsichtlich seines Trägermediums nach Bereichen, Positionen und Qualitäten klassifiziert und nach spezifischen Parametern quantifiziert. Die Untersuchung und vor allem Kartierung der Funktion des Grundwassers als Bildner oder „Mitbildner" anderer Lagerstätten (Erze, Kohlenwasserstoffe) steht erst in den Anfängen und soll hier nicht näher berücksichtigt werden.

2. Hydrogeologische Übersichtskartierung

In der DDR laufen gegenwärtig Arbeiten zur methodisch im Zentralen Geologischen Institut, Berlin, entwickelten hydrogeologischen Übersichtskartierung 1:200000. Dabei ist die manuskriptmäßige Aufnahme des Gebietes unserer Republik abgeschlossen. Im ZGI wird nunmehr der redaktionelle und drucktechnische Prozeß verstärkt betrieben (bisher fünf Karten ausgedruckt). Damit ergibt sich eine zusammenfassende Darstellung der hydrogeologischen Verhältnisse mit besonderer Berücksichtigung der Bedingungen für die Wasserversorgung und Grundwassererkundung. Die unter ökonomisch bedingtem Aspekt angelegte methodische Gesamtkonzeption führte zu einer besonderen Berücksichtigung des Lockergesteinsbereichs, der etwa 67% des Territoriums der DDR umfaßt (vor allem deren Nord- und Zentralteil), die größten und ergiebigsten Grundwasserlagerstätten enthält und hinsichtlich der noch ungenutzten Grundwasserreserven an erster Stelle liegt. Der Übergangsbereich nimmt etwa 10%, der Bereich Sandstein des Jungpaläozoikums und Mesozoikums etwa 4%, der Bereich Schiefertone und -mergel des Mesozoikums etwa 1% und der Bereich kristallines Grundgebirge, Schiefer- und Eruptivgesteine etwa 11% der DDR-Fläche ein (ZIESCHANG 1961).

Von den obengenannten Festgesteinsbereichen sind auch wiederum nur die Bereiche Sandstein und Kalkgesteine als günstig hinsichtlich ihrer Durchfluß- und Speicherfähigkeit zu bezeichnen.

Mit der Kartierung ist beabsichtigt, den hydrogeologischen Prognose- und Erkundungsarbeiten eine fundierte Arbeits- und Planungsgrundlage zu geben. Ebenso kann nach Abschluß der Kartenherstellung auch für die Zwecke der Wasserwirtschaft und der Planung ein hydrogeologischer Überblick für das gesamte Territorium der DDR gegeben werden.

Eingang des Manuskripts in der Redaktion 10. 7. 1969.

Überarbeitete und etwas erweiterte Fassung eines anläßlich des XX. Berg- und Hüttenmännischen Tages in Freiberg (Sa.) am 3. Juli 1969 gehaltenen Vortrages.

Hauptelement der hydrogeologischen Grundkarte 1:200000 ist eine Gliederung nach strukturell unterschiedlichen hydrogeologischen Bereichen, in die wiederum die Ansprache der Gesteinsart und der Lagerungsverhältnisse sowie auch der Versickerungsmöglichkeiten und Grundwasserführung bzw. -gewinnung als typische Parameter eingegeben sind (Abb. 1). Die Bereiche (ca. 30) sind farbig ausgewiesen. Verschiedene Farbkombinationen (Halbtöne und Schraffuren) kennzeichnen Übergangssituationen, Mischtypen oder lokale Besonderheiten. Eine Ausweisung der Mächtigkeit, Lage und Beschaffenheit der wichtigsten Grundwasserleiter im Lockergesteinsbereich als Signaturraster in den durch Bohrungen belegten Gebieten ergänzt die Aussage auch hinsichtlich des Erkundungsgrades. Im Festgesteinsbereich kann, aus der Brunnenergiebigkeit abgeleitet, eine Klassifizierung der Grundwasserergiebigkeit nach mehreren Intervallen eingetragen werden.

Die hydrogeologische Grundkarte enthält ferner punktförmige Aufschlüsse wie Bohrungen, Brunnen, größere Quellen, Stollenmundlöcher, Flußversinkungen, Grundwassernutzungen nach mehreren Förderungsintervallen sowie Kennzeichnungen von Bergbaugebieten, Verwerfungen und Hauptgrundwasserscheiden u. a. m. Die punktförmigen Aufschlüsse, vor allem Bohrungen, sind in den Erläuterungen synchron numeriert und mit Schichtenverzeichnissen und weiteren Bemerkungen versehen. Die Profildarstellungen, fast allen Blättern zugeordnet, vermitteln einen schematisierten Einblick in den räumlichen Aufbau der Grundwasserleiter und -stauer.

Zur Charakterisierung der Qualität des Grundwassers wurde für alle Blätter eine hydrochemische Karte der Gesamthärte 1:200000 entwickelt. Diese enthält gleichzeitig die Analysenentnahmepunkte, synchron numeriert wie im Erläuterungsheft, und die farbige Flächengliederung der Gesamthärte im Bereich der Hauptgrundwasserführung. Bei stärker wechselnder Gesamthärte werden Mischsignaturen (Schraffuren) benutzt.

Bedeutungsvolle Versalzungserscheinungen an der Oberfläche und auch in wasserwirtschaftlich interessierenden Tiefen gibt zu vielen Blättern eine hydrochemische Karte der Chloride 1:200000 bekannt (Abb. 2), die die Cl'-Gehalte nach Bereichen (farbig), Süßwasser über Salzwasser im Küstengebiet, Antiklinalstrukturen des prätertiären Untergrundes als versalzungsgefährdete Gebiete, Rupeltonverbreitungen, Schluckbrunnen für die Endlaugenversenkung u. a. m. ausweist (ZIESCHANG 1968).

Die bereits erwähnten, für jedes Blatt entwickelten Erläuterungen fungieren als notwendiger Bestandteil der Kartierung auch im Sinne einer systematischen regionalhydrogeologischen Monographie (GLANDER 1969b). Darin werden mehr als 5000 der besten hydrogeologischen Aufschlüsse (Bohrungen, Brunnen u. dgl.) sowie wenigstens 10000 der repräsentativsten Analysenergebnisse aus dem Gebiet der DDR dokumentiert.

3. Hydrogeologische Spezialkartierung

Die Aufgabenstellung der im Zentralen Geologischen Institut vorerst für das Lockergestein methodisch konzipierten Spezialkartierung 1:50000, häufig auch als komplexe hydrogeologische Kartierung bezeichnet, besteht in der systematischen mehrparametrigen Erfassung und Festlegung hydrogeologischer Daten, die eine umfassende regionale Information sowie eine räumliche und dynamische Betrachtungsweise gestatten. Sie soll eine weitgehende Variabilität enthalten, so daß der ungleiche Aufschlußgrad nach jeweiligen Gegebenheiten durch hydrochemische Untersuchungen, Ergiebigkeitsmessungen, Grundwasserstandsmessungen und weitere Recherchen verbessert werden kann. Die Komplexität und Aktualität sowie die Objektbezogenheit der Kartierung können durch ihre Einbeziehung in die Vorratserkundung, aber auch in die Lösung tiefenhydrogeologischer Aufgaben durchaus noch gesteigert werden (GLANDER 1968). Nach den in letzter Zeit geführten Diskussionen sollte die Spezialkartierung der Prognosetätigkeit in den jeweils bearbeiteten Gebieten vorangehen, bzw. sie sollte in engem Zusammenhang mit der Prognosetätigkeit durchgeführt werden.

In Erweiterung der Übersichtskartierung tendiert die Spezialkartierung zu einer Quantifizierung der einzelnen Parameter. Eine von ZIESCHANG (1966) entwickelte Rahmenkonzeption bildete den Ausgangspunkt für die gegenwärtig angewendete Methodik. Außer der Topographie werden Gewässernetz und Grundwasseraustritte, gegebenenfalls auch Überschwemmungsgebiete und künstliche Infiltrationen eingetragen. Eingepaßt werden ferner Grundwasserisohypsen und -beob-

Abb. 1. Schematischer Ausschnitt einer hydrogeologischen Übersichtskarte 1:200000

1 — oberes Stockwerk mit ungespanntem Grundwasser in quartären Talsanden und -kiesen. Versickerungsmöglichkeit gut; 2 — Hauptgrundwasserleiter in wechselhaft aufgebauten Sand- und Kiesablagerungen der Sanderflächen, nur teilweise als bedecktes Grundwasserstockwerk, jedoch häufig durch undurchlässige Einlagerungen aufgespalten. Oft tiefliegender Grundwasserspiegel. Versickerungsmöglichkeit gut; 3 — wechselhaft aufgebauter Grundwasserleiter in den Kiesen und Sanden der Endmoränen, häufig mit undurchlässigen Einlagerungen, oft sehr steinig und blockreich, meist als Höhenrücken mit tiefliegendem Grundwasserspiegel; schwierige Grundwassererschließungsmöglichkeiten: Versickerungsmöglichkeit gut; 4 — Grundwasserstockwerk mit oft gespanntem Grundwasser in Sanden und Kiesen unter zusammenhängender Geschiebemergeldecke möglich. Versickerungsmöglichkeit schlecht, z. T. mittel; 5 — wie 4., jedoch mit einer den Geschiebemergel überlagernden, meist geringmächtigen Sand- und Kiesdecke, die ein oberes Stockwerk mit ungespanntem Grundwasser enthalten kann; Versickerungsmöglichkeit mittel, z. T. gut; 6 — Torf oder anmoorige Bildungen in größerer Verbreitung und Mächtigkeit; die Grundwasseroberfläche befindet sich meist in geringer Tiefe, oder das Grundwasser quillt flächenhaft zutage; 7 — Muschelkalk; Grundwasser in Klüften und Schichtfugen vorhanden; 8 — größere Grundwassernutzung in z. B. Mehrbrunnenanlagen, mehr als 20000 m^3/d; 9 — oberes Grundwasserstockwerk von 10 bis 25 m Mächtigkeit; 10 — dito, von 25 bis 50 m Mächtigkeit; 11 — dito, von mehr als 50 m Mächtigkeit; 12 — bedecktes oder unteres Grundwasserstockwerk unter mächtiger wasserstauender Deckschicht in einer Tiefenlage im Bereich von 30 bis 60 m unter Gelände; 13 — dito, in einer Tiefenlage im Bereich von 60 bis 100 m unter Gelände

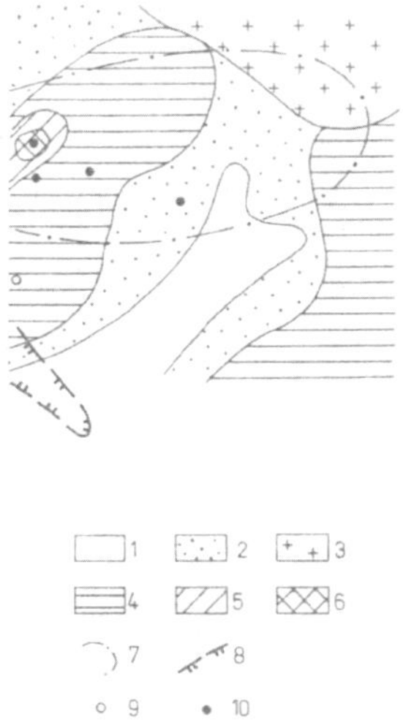

Abb. 2. Schematischer Ausschnitt einer hydrochemischen Übersichtskarte — Chloride 1 : 200000

1 — Chloridgehalt im Bereich der Hauptgrundwasserführung vorwiegend unter 20 mg/l; 2 — dito, vorwiegend 20 bis 50 mg/l; 3 — dito, vorwiegend von weniger als 20 bis 50 mg/l; 4 — dito, vorwiegend 50 bis 150 mg/l; 5 — dito, vorwiegend 150 bis 350 mg/l; 6 — dito, vorwiegend über 350 mg/l; 7 — Antiklinalstrukturen oder Hochlagen (auch Salzstöcke) des prätertiären Untergrundes, die häufig Störungszonen enthalten, in denen bei fehlendem Grundwasserstauer im Hangenden Salzwasseraufstieg auftritt bzw. möglich ist; 8 — nachgewiesene oder vermutete Erosion des mitteloligozänen grundwasserstauenden Rupeltones; 9 — punktförmige, oberflächennahe Versalzung (auch Salzwasseraustritt) oder eine solche im Bereich der Hauptgrundwasserführung. Zahlenangabe Cl' in mg/l; 10 — Versalzung des Grundwassers in einer tieferen Schicht, zu der die Hauptgrundwasserführung nicht in unmittelbarer Verbindung steht. Zahlenangabe Cl' in mg/l

achtungsstellen sowie Hebungs- und Nutzungsstandorte des Grundwassers. Daraus abgeleitete charakteristische Amplituden am Blattrand dienen der weiteren Beurteilung.

Der bereits von MARGAT u. a. (1963) benutzte Transmissibilitätswert (T) stellt als flächenhafter quantifizierbarer Parameter das zentrale Element dar.

Darin sind:

$T \;= K_f \cdot M$ (m²/s),
T — Transmissibilität (m²/s),
K_f — Durchlässigkeitsbeiwert (m/s) und
M — Mächtigkeit des Grundwasserleiters (m).

Die Transmissibilität wird in farblicher Abstufung eingetragen und mit der Gliederung des lithologischen Aufbaus in Rastermanier kombiniert. Zur weiteren Kennzeichnung dienen die Unterkante des hauptgrundwasserleitenden Komplexes sowie Verbreitung, Mächtigkeit und lithologische Ausbildung vorhandener tieferer Stockwerke. Durch Nebenkarten 1:200000 besteht die Möglichkeit, Erkundungsgrad, Versickerungsgrad u. a. m. zum Ausdruck zu bringen.

Zur Typisierung der hydrochemischen Verhältnisse ist die Nutzung eines flächenhaften Punkt-Farb-Systems oder absoluter Wertangaben in der Karte oder in einer Tabelle geplant. Auszudeuten sind außer den geogen bedingten Unterschieden auch die anthropogen bewirkten Verunreinigungsräume (z. B. Müllkippen, Rieselfelder).

Als ein Ergebnis übergeordneter Art stellten die Bearbeiter fest, daß im Lockergestein bereits unterschiedliche Varianten zu entwickeln und anzuwenden sind (GLANDER 1969a).

Musterblätter für die erste methodische Runde waren die Blätter Rüdersdorf und Lubmin. Dabei enthält das Blatt Rüdersdorf die Varianten I und III. Bei Variante I handelt es sich um eine Einblattdarstellung aller Parameter ohne Erläuterungen. Variante III ist die daraus abgeleitete, z. T. ergänzte Mehrblattaussage über verschiedene Parametergruppen mit Erläuterungen.

Variante II (Lubmin) zielt ebenfalls auf eine Einblattkartierung hin, beschreitet aber, abgesehen von einigen anderen regionalen Bedingungen, methodische Sonderwege.

In Variante I zu Blatt Rüdersdorf konnten die in der Rahmenkonzeption geforderten Elemente eingetragen werden, also Hydroisohypsen, Besonderheiten des Gewässernetzes, lithologische Bereiche und Unterkante des hauptgrundwasserleitenden Komplexes (Abb. 3). Aus der Mächtigkeit des hauptgrundwasserleitenden Komplexes und den laborativ bzw. empirisch festgestellten Durchlässigkeitsbeiwerten ließ sich die Transmissibilität ableiten und flächenhaft interpretieren (Abb. 4). Folgende Abstufung erwies sich als brauchbar:

0,1 ···0,03 m²/s	0,003···0,001 m²/s
0,03···0,01 m²/s	0,001···0,0003 m²/s
0,01···0,003 m²/s	

Die in der Konzeption vorgesehenen Nebenkarten 1:200000 mit Aussagen über tiefere Grundwasserleiter, über den Erkundungsgrad und die Versickerungsmöglichkeiten und zwei hydrogeologische Schnitte wurden neben informativen Tabellen ebenfalls eingefügt.

Variante III zu Blatt Rüdersdorf enthält unter Verwendung der Elemente von Variante I außer einer kurzen Erläuterung zwei weitere Nebenkarten 1:200000, die die Rupeltonverbreitung und die Quartärbasis flächenhaft ausweisen. Ferner vermitteln mehrere hydrogeologische Schnitte einen Eindruck vom räumlichen Aufbau im Untersuchungsraum.

Eine stärkere Betonung erfahren in Variante III die hydrochemischen Verhältnisse (Abb. 5). BEYWL & GLANDER (1969) fanden im Kartierungsraum, einer Methode von SCHUKAREW folgend, im wesentlichen Hydrokarbonatwässer, Sulfat-Hydrokarbonat- und Hydrokarbonat-Chloridwässer. Die Methode von SCHUKAREW basiert

Abb. 3. Ausschnitt aus der Karte der Grundwasserisohypsen und der Unterfläche des hauptgrundwasserleitenden Komplexes 1 : 50000

1 — Grundwasserisohypsen, bezogen auf m NN; 2 — wahrscheinliche Isolinien der Unterfläche des hauptgrundwasserleitenden Komplexes, bezogen auf m NN

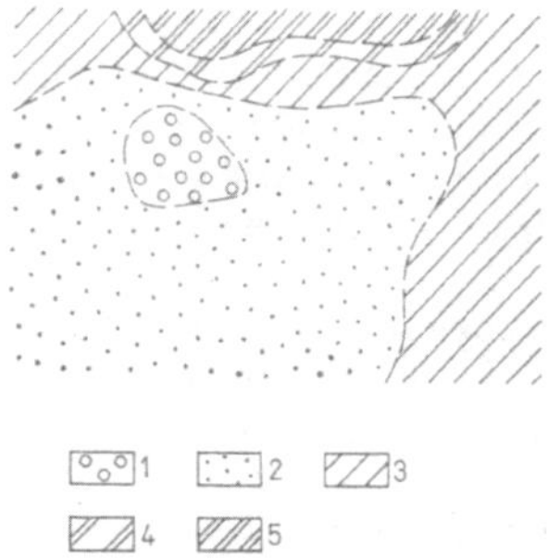

Abb. 4. Ausschnitt aus der Karte der Transmissibilität des hauptgrundwasserleitenden Komplexes 1 : 50000
1 – 0,1···0,03 m^2/s; 2 – 0,03···0,01 m^2/s; 3 – 0,01···0,003 m^2/s; 4 – 0,003 bis 0,001 m^2/s; 5 – 0,001···0,0003 m^2/s

auf einer mval-%-Einteilung und Kombinierung nach Anionen (SO_4^{-2}, HCO_3^{-1}, Cl^{-1}) und Kationen (Ca^{+2}, Mg^{+2}, Na^{+1}, K^{+1}). Die Gesamthärteverteilung wird in einer Nebenkarte 1:200000 wiedergegeben. Eine Kennzeichnung des Fe-Gesamtgehalts und des Kaliumpermanganatverbrauchs erfolgt durch halblogarithmische Häufigkeitsverteilungsdiagramme am Rande der Hauptkarte. Geogene Cl'-Erhöhungen im Quartär können auf eine Rupeltonerosionsrinne zurückgeführt werden.

In Variante II (Blatt Lubmin) werden verschiedene methodische Sonderwege beschritten. Hier verknüpft SCHIRRMEISTER (1969) auf Grund der regionalen Situation die Transmissibilitätsbereiche mit einer schwerpunktmäßigen Verteilung der wichtigsten Grundwasserstockwerte nach KRUMBEIN & LIBBY (1957). Die Interpretation der hydrochemischen Verhältnisse erfolgt punktförmig nach der Methode von TICKELL (1921). Darin werden die Analysen in sternförmigen Diagrammen mit den wichtigsten Ionenanteilen (Cl, HCO_3, $SO_4 + NO_3$, Na + K, Ca und Mg) in Millivalprozent ausgewiesen.

Die hier kurz umrissene Methodik ist auch im Hinblick auf die zunehmende Bedeutung der Tiefenwässer schöpferisch weiterzuentwickeln und, mit Berücksichtigung der besonderen Spezifik, auf den Übergangs- und Festgesteinsbereich anzuwenden. Die gegenwärtig noch vorwiegend manuelle Datenerfassung und -verarbeitung muß schrittweise verbessert und automatisiert werden.

4. Prognostische Aussagemöglichkeiten der hydrogeologischen Kartierung, im besonderen der Spezialkartierung

Mit Hilfe der hydrogeologischen Übersichtskartierung lassen sich zunächst nur regionale prognostische Aussagen in qualitativer Hinsicht formulieren. Dazu dienen die hydrogeologische Bereichsausgliederung und die hydrochemischen Bereiche. Einige Schlußfolgerungen in quantitativer Hinsicht lassen aber auch die Schichtenverzeichnisse und Spezialerläuterungen (häufig mit Mengenangaben) und die Analysenergebnisse zu. Durch die Angabe der Nutzung > 1000 m^3/d und durch eine Einschätzung der Grundwasserneubildung und -nutzung in den Erläuterungen wird zusätzlich ein Eindruck vom gegenwärtigen Nutzungs- und Ist-Zustand vermittelt.

Die hydrogeologische Spezialkartierung eröffnet eine Schlüsselposition zur Beurteilung der Genese von Grundwasserlagerstätten und damit der Möglichkeiten für prognostische Aussagen, da sie die für derartige Aussagen notwendigen quantifizierten und quantifizierbaren Parameter bietet. Einerseits werden die Transmissibilität und das Gefälle als Ausgangsgrößen bekanntgegeben, um zu einer Beurteilung des unterirdischen Abflusses in einer bestimmten Profilbreite unter Beachtung der örtlichen Bedingungen zu gelangen.

So ergeben sich z. B. bei einem T-Wert von 0,02 m^2/s und einem Gefälle von 1‰ (aus der Karte abgegriffen), auf einen Meter Profilbreite bezogen, $\frac{0{,}02 \cdot 1 \cdot 1 \cdot 1000}{1000}$ = 0,02 l/s oder 2 l/s bei 100-m-Durchflußprofil als prognostischer Wert.

Andererseits orientieren die Angaben über die lithologischen Bereiche und über die Versickerungsmöglichkeiten auch zur Frage des Träger- und Infiltrationsmediums der Grundwasserlagerstätte. Die Karte der Versickerungsmöglichkeiten stellt ihrerseits wieder die Verbindung zum hydrologischen bzw. hydrometeorologischen Geschehen her. Erst über die Versickerungsrate werden für die Grundwasserlagerstätten die ständige Neubildung gewährleistet und damit auch das Spezifikum der ständigen vertikalen und lateralen Zufuhr und des ständigen Abflusses in Richtung Erosionsbasis. Konzentrationen des Gewässernetzes oder versumpfter Stellen in Talniederungen lassen ihrerseits Rückschlüsse auf Grundwasserentlastungssituationen oder auf geringere Transmissibilität zu, während zeitweilig oder ständig versickernde Bachläufe Hinweise auf eine günstige Transmissibilität in Verbindung mit oberflächenfernem Grundwasserspiegel geben.

Da auch Kennzeichnungen der hydrochemischen Seite der Grundwasserlagerstätte in Verbindung mit geogener Beeinflussung aus dem Liegenden (Erosionsrinnen im Rupelton, Migration von höher mineralisierten Wässern in Grundwasserentlastungsgebiete) und anthropogener Einflußnahme aus dem Hangenden (Müllkippen, Rieselfeldern usw.) angestrebt werden, sind gleichzeitig weitere Merkmale zur Hydrogenese gegeben.

Die Karte des Erkundungsgrades schließlich spiegelt die historisch und ökonomisch gewachsene Kenntnistiefe wider und engt die aus Transmissibilität, Gefälle, Lithologie, Versickerung und Hydrochemie gewonnenen Aussagen nach verschiedenen Wahrscheinlichkeitsstufen ein.

Weitere Arbeiten zur Kartierung sollten die Formulierung hydrogenetischer Regeln ermöglichen. So ist zum Beispiel die Frage zu klären, auf Grund welcher spezifisch geologischen Voraussetzungen es zur Bildung bestimmter Grundwasserlagerstätten kam. Im Bereich des Blattes Rüdersdorf z. B. führten das häufige Oszillieren des Eisrandes und die Konzentration der Abflußbahnen mehrerer Glaziale in diesem Raum zur Ausbildung mächtiger Grundwasserlagerstätten in unbedeckter Position und zu weniger mächtigen Grundwasserleitern in bedeckter Position. Hier ergeben sich demnach ein- bis zweigliedrige Lagerstätten mit günstiger Zufuhr durch Infiltration sowohl in unbedeckter (Urstromtal) als auch in bedeckter Position (Barnim-Hochfläche). Eine Teilinterpretation durch eine Basislinienkonstruktion des hauptgrundwasserleitenden

Komplexes konnte also erfolgen. Im Bereich des Blattes Lubmin dagegen führte die Ablagerung dickbankiger Geschiebemergel, lediglich unterbrochen durch Vorschütt- und Rückzugssande und das Fehlen von Schmelzwasserbahnkonzentrationen zu meist geringmächtigen, häufig aussetzenden, vielgliedrigen Grundwasserlagerstätten mit ungünstiger Zufuhr durch Infiltration in vorwiegend bedeckter Position. Eine sinnvolle Interpretation dieser Verhältnisse ließ sich zunächst nur über die Schwerpunktverteilung der Grundwasserleiter gewährleisten, d. h., der Schwerpunkt $\bar{x}$ wird aufgefaßt als über die Mächtigkeit gewichtete mittlere Tiefenlage der Grundwasserleiter in den Aufschlüssen nach der Beziehung

$$= \bar{x} \frac{\sum h \cdot m}{\sum m}$$

worin h der Abstand zwischen dem Mittelpunkt des Grundwasserleiters und einem Bezugsniveau (z. B. Geländeoberfläche) und m die Mächtigkeit des Grundwasserleiters sind.

Für die Perspektive ist eine Weiterführung der Methodik der hydrogeologischen Spezialkartierung für den Übergangs- und Festgesteinsbereich zu fordern; denn zur Abwägung der regionalen Nutzungsmöglichkeiten im Bereich des „süßen" Grundwassers wird auch hier eine komplexe Erfassung des Ist-Zustandes notwendig. Über den Modus der methodischen Entwicklung besteht noch keine endgültige Klarheit.

Die hydrogeologische Spezialkartierung wird in den nächsten Etappen die Schwerpunktaufgaben der hydrogeologischen und hydrochemischen Forschung unterstützen und spezifische Teilergebnisse dieser Untersuchungen mehrparametrig interpretieren. Als Schwerpunkte rücken die Tiefenwasserforschung und die hydrogeologische Interpretation metallogenetischer Fragestellungen im Bereich bzw. Randbereich von Sedimentkomplexen und in Teilzonen des Festgesteinsbereichs in die nähere Betrachtung.

Der Trend der Kartierung geht demnach zu einer festen Bindung an hydrogeologische Forschungsaufträge. Eine Wahrnehmung von Hoheitsaufgaben kann im Falle der hydrogeologischen Spezialkartierung nicht mehr erfolgen. Eine Sekundärnutzung der Kartierungsergebnisse durch die Wasserwirtschaft oder andere Institutionen ist durchaus möglich, wird aber anteilmäßig zu honorieren sein. Ebenfalls nach Auftrag können Spezialkartierungen oder Kartierungen spezifischer Parameter für die Wasserwirtschaft, die Hydromelioration oder andere Nutzer durchgeführt werden.

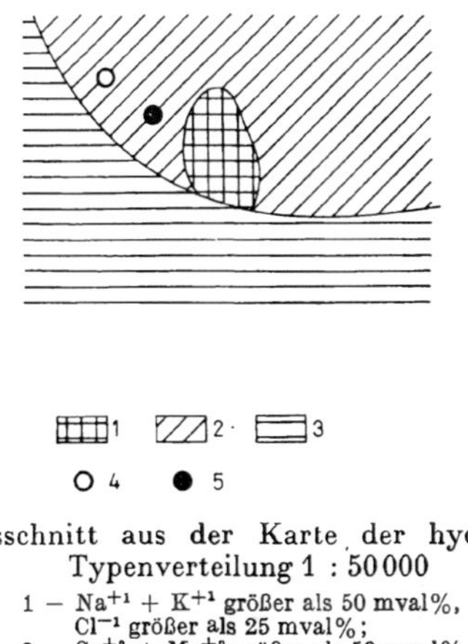

Abb. 5. Ausschnitt aus der Karte der hydrochemischen Typenverteilung 1 : 50000

1 – Na^{+1} + K^{+1} größer als 50 mval%, Cl^{-1} größer als 25 mval%;
2 – Ca^{+2} + Mg^{+2} größer als 50 mval%, HCO_3^{-1} größer als 25 mval%;
3 – Ca^{+2} + Mg^{+2} größer als 50 mval%, SO_4^{-2} + HCO_3^{-1} größer als 25 mval%;
4 – lokale Abweichung: Ca^{+2} + Mg^{+2} größer als 50 mval%, SO_4^{-2} + HCO_3^{-1} größer als 25 mval%;
5 – lokale Abweichung: Na^{+1} + K^{+1} größer als 50 mval%, HCO_3^{-1} größer als 25 mval%

Nach Auffassung der Bearbeiter und auf Grund einiger Diskussionsbeiträge von Fachkollegen, z. B. von A. KLECZKOWSKI, Kraków, läßt sich die Aussagekraft der hydrogeologischen Spezialkartierung für die Regionalprognose nutzbaren Grundwassers auch im Hinblick auf die modernen Arbeitsgebiete der Hydrogeologie noch erheblich steigern.

Um die Effektivität der Kartierung in wasserwirtschaftlicher Hinsicht zu erhöhen, sollten prognostisch die Gebiete ausgewiesen werden, in denen Grundwasser konzentriert entnommen werden kann und in denen eine Grundwasseranreicherung bzw. -speicherung möglich ist. Ferner sind in diesem Rahmen nicht nur die direkten Grundwasserkontaminationen über den Infiltrationsweg, sondern auch die Flüsse und Flußabschnitte auszuweisen, von denen eine negative Beeinflussung der Grundwasserqualität über den Uferfiltratweg erwartet werden kann. Alle diese Aussagen setzen natürlich bereits einen erhöhten Erkundungsgrad in dem betreffenden Gebiet voraus.

Für die bereits oben angeführte Karte des Erkundungsgrades wäre eine Ausweisung der Bohr- und Siebanalysendichte wünschenswert.

Die hydrogeologische Spezialaufnahme eines Gebietes sollte ferner in einer Benennung der prognostischen Grundwasservorräte gipfeln.

In Abhängigkeit von einer ausreichenden Anzahl von Ausgangsdaten interessieren in zunehmendem Maße auch Darstellungen der Transmissibilität tieferer Grundwasserleiter, auch derjenigen mit höher mineralisierten Wässern, Darstellungen der Süßwasser/Salzwasser-Grenze und Aussagen über die hydrochemischen Komponenten und Typen der hochmineralisierten Tiefenwässer.

Die Eintragung und Auswertung hydrochemischer Daten für den hauptgrundwasserleitenden Komplex sollten in weiteren Kartierungen die Möglichkeit von Schwankungstoleranzen einbeziehen und hydrochemische Veränderungen in stark anthropogen beeinflußten Gebieten zum Ausdruck bringen.

Unter Berücksichtigung der bisher vorliegenden Erfahrungen und der neuen Gesichtspunkte läßt sich die hydrogeologische Spezialkartierung somit nach MILDE (1969) auch für umfassende hydrogenetische Betrachtungen, d. h. für die Bildungsbedingungen von Grundwasserlagerstätten in Abhängigkeit von Raum und Zeit, einsetzen.

Zusammenfassung

Die zunehmende Nutzung des Grundwassers erfordert eine Kartierung seiner Lagerstätten, seiner Verteilung und seiner Eigenschaften. Dies geschieht einmal in Form der hydrogeologischen Übersichtskartierung 1 : 200000 und der dazugehörigen Erläuterungen. Zum anderen werden erste Ergebnisse der hydrogeologischen Spezialkartierung 1 : 50000 vorgelegt, die eine stärker quantifizierbare Aussage gestattet und somit in noch größerem Maße für prognostische Zwecke eingesetzt werden kann. Ziel der hydrogeologischen Spezialkartierung sind eine umfassende Auswertung des vorliegenden einschlägigen Materials, eine systematische mehrparametrige Information über die Verteilung hydrogeologischer und hydrochemischer Daten sowie eine räumliche und dynamische Betrachtung des Grundwassers als Bildner eigener Lagerstätten. Durch Aussagen z. B. über die Transmissibilität, über die Versickerung und über die hydrochemischen Typen lassen sich Informationen für die Regionalprognose nutzbaren Grundwassers und für hydrogenetische Betrachtungen ableiten. Die hydrogeologische Spezialkartierung wird in zunehmendem Maße nicht nur für traditionell wasserwirtschaftlich ausgerichtete Aufgaben, sondern auch für Fragen der hydrochemischen und Tiefenwasserforschung einzusetzen sein.

Резюме

Возрастающее освоение подземных вод требует съемки их месторождений, их распределения и их свойств. Это, с одной стороны, осуществляется в виде обзорной гидрогеологической съемки масштаба 1:200000 с соответствующими объяснениями. С другой стороны, предлагаются первые результаты специальной гидрогеологической съемки масштаба 1 : 50000, позволяющей сделать более количественное высказывание. Последняя съемка в еще более сильной мере может быть использована для прогнозных целей. Целью специальной гидрогеологической съемки являются обширная интерпретация имеющегося соответствующего материала, систематическая многопараметрическая информация о распределении гидрогеологических и гидрохимических данных, а также пространственная и динамическая оценка подземных вод как образователей собственных месторождений. Путем высказываний о проницаемости, просачивании и гидрохимических типах можно выводить информации для регионального прогноза полезных подземных вод и для гидрогенетических рассуждений. Специальная гидрогеологическая съемка в возрастающей мере будет использована не только для традиционных задач водного хозяйства, но и для решения вопросов гидрохимического и глубинноводного исследований.

Summary

The increasing use of ground water requires a mapping of its deposits, distribution and properties. This is done, on the one hand, by general hydrogeological maps in the scale 1 : 200000 with explanatory notes and, on the other hand, by early results of special hydrogeological maps in the scale 1 : 50000 permitting more quantifiable statements to be made and, consequently, an application still more suited for prognostic purposes. The object of special hydrogeological mapping is to obtain a comprehensive interpretation of data available and bearing on the matter, a systematic information covering several parameters of distribution of hydrogeological and hydrochemical data, as well as a spatial and dynamic consideration of ground water as an agent forming deposits of its own. From statements, for example, on transmissibility, seepage and hydrochemical types informations can be derived for the regional prognosis of useful ground water and for hydrogenetic considerations. Special hydrogeological maps will increasingly be used not only for the solution of problems as they are traditional in water economy, but will also afford a means of dealing with problems relating to hydrochemistry and deep waters.

Literatur

BEYWL, T., & H. GLANDER: Komplexe hydrogeologische Karte der DDR – Blatt Rüdersdorf 0809–4 1 : 50000. – In zwei Varianten. Herausg. zentr. geol. Inst., Berlin 1969 (in Vorbereitung).

GLANDER, H.: Beiträge zur gegenwärtigen Optimalvariante in der hydrologischen Spezialkartierung. – Z. angew. Geol., 14, 9, Berlin 1968.

– Komplexe hydrogeologische Kartierung und einige wasserwirtschaftliche Aspekte. – Wasserwirtschaft – Wassertechnik, 19, 5 (1969) [1969a].

– Aufgabe, Inhalt und Funktion der hydrogeologischen Kartierung. – Vermessungstechnik, 17, 6 (1969) [1969b].

KRUMBEIN, W. C., & W. G. LIBBY: Application of moments to vertical variability maps of stratigraphic units. – Amer. Assoc. Petrol. Geol. Bull., 41, 1 (1957).

MARGAT, J., u. a.: Carte hydrogéologique de la France, Douai, Bureau de recherches géologiques et minières (1963).

MILDE, G.: Der Poreninhalt Wasser, seine Veränderungen, Bewegungen und Einfluß auf die Lagerstättenbildung aus hydrogeologischer Sicht. – Vortr. XX. Berg- und Hüttenmännischen Tag 1969, Freiberg 1969.

SCHIRRMEISTER, W.: Komplexe hydrogeologische Karte der DDR – Blatt Lubmin 0309–3 1 : 50000. – Hrsg. zentr. geol. Inst., Berlin 1969 (in Vorbereitung).

SCHUKAREW, S. A.: In: Handbuch des Hydrogeologen. – Gesamtredaktion W. M. MAKSIMOW, Leningrad 1967.

TICKELL, E. G.: A method for the graphical interpretation of water analysis. – Rept. of California State oil and gas supervisor., v. 6, p. 5–11 (1921).

ZIESCHANG, J.: Die hydrogeologische Kartierung 1 : 200000 im quartären Lockergesteinsbereich. – Wasserwirtschaft – Wassertechnik, 11, 8 (1961).

– Aufgabenstellung, Rahmenkonzeption und Arbeitsprogramm zum Forschungsthema Methodik der hydrogeologischen Spezialkartierung. – Berlin 1966 (unveröff.).

– Zur Methodik der hydrogeologischen Kartierung in der DDR. – Vortr. Fachtag. Arbeitsgruppe Internationales Hydrologisches Dezennium 23. bis 24. April 1968 Berlin.

Problematik der Berechnung nichtstationärer Grundwasserströmungen durch Vorgabe von Absenkungsstadien [1]

LUDWIG LUCKNER, Dresden

1. Einleitung

Durch die jüngsten Veröffentlichungen von RICHTER (1968a, 1968b, 1969a, 1969b) könnte der Eindruck entstehen, daß das von SIEMON (1958) entwickelte Berechnungsverfahren zur Lösung von Grundwasserströmungsproblemen durch Vorgabe von Absenkungsstadien richtig sei und daß durch die weiterführenden Arbeiten von RICHTER nunmehr für die Entwässerungspraxis anwendungsreife Berechnungsverfahren vorlägen. Dies trifft nicht zu. In einem Beitrag über analytische Berechnungsverfahren der eindimensionalen Grundwasserströmungsvorgänge (BUSCH u. a. 1967, Abschn. 2.3.) wurden die Problematik des von SIEMON und RICHTER entwickelten Berechnungsverfahrens und die theoretische Unzulässigkeit seiner Anwendung zur Lösung nichtstationärer Grundwasserströmungsprobleme kurz aufgezeigt. Zur Untermauerung dieser theoretischen Betrachtungen wurde in einer gemeinsamen Veröffentlichung des VEB PKB „Kohle", Berlin, und des ehemaligen IfBuW der TU Dresden (FUHRIG u. a. 1968, Abschn. 3.4.) an Hand der Berechnung eines praktischen Entwässerungsproblems gezeigt, zu welchen Fehleinschätzungen die von SIEMON und RICHTER entwickelten Berechnungsverfahren führen können.

Eingang des Manuskripts in der Redaktion: 30. 6. 1969.

[1]) Mitteilung der Forschungsgruppe Grundwasserhydraulik der Sektion Wasserwesen der TU Dresden und des Instituts für Wasserwirtschaft, Berlin.

Zeitschrift für angewandte Geologie, Bd. 15 (1969), Heft 11

Während bei FUHRIG (1968) als richtige Bezugswerte die Ergebnisse von Analogiemodellversuchen verwendet wurden, ist in jüngster Zeit auch eine numerische Berechnung der nichtstationären Galerie- und Brunnenanströmung gelungen (LUCKNER u. a. 1968, Abschn. 6.). Es besteht somit heute auch für die Entwässerungsfachleute in der Praxis zum einen keinerlei Notwendigkeit mehr, auf die von SIEMON in den 50er Jahren entwickelten Näherungsansätze zurückzugreifen; zum andern ist es ihnen möglich, an Beispielen die Fehler einzuschätzen, die bei der Anwendung dieses Verfahrens auftreten können.

Es wurden uns bisher keine Veröffentlichungen bekannt, die zeigten, daß das von SIEMON entwickelte Verfahren zur Berechnung von Grundwasserabsenkungen in Westdeutschland jemals praktisch angewendet wurde oder international Verbreitung gefunden habe. Da die auf SIEMON basierenden Verfahren, die die Annahme sogenannter Absenkungsstadien voraussetzen, in der DDR noch immer für die Projektierung von Tagebauentwässerungsanlagen Verwendung finden, sollen an Hand der jüngsten Veröffentlichungen von RICHTER (s. o.) die Unzulänglichkeiten dieser Verfahren möglichst klar aufgezeigt und an Beispielen die bei ihrer Anwendung eintretenden Fehler ausgewiesen werden. Durch eine kurze Darstellung des von LUCKNER u. a. (1968) ausführlich erläuterten numerischen Berechnungsverfahrens soll den Entwässerungsfachleuten Einblick in ein exaktes Verfahren gegeben werden, das sich an Stelle der bisher in der Praxis gebräuchlichen Verfahren anwenden läßt.

Symbole:

Es wurden die gleichen Symbole wie bei RICHTER (s. o.) verwendet:

- a — Abstand der Brunnen innerhalb einer Reihe;
- A — Galerieabstand;
- k — Durchlässigkeitskoeffizient;
- p — entwässerbares Porenvolumen;
- q_x — strömende Wassermenge je m Galerielänge an der Stelle x;
- q_{nx} — Anteil von q_x aus der Infiltration;
- q_{Vx} — Anteil von q_x aus der Änderung des Trichterinhalts;
- q_s — Infiltrationsrate je Flächeneinheit;
- q_{vx} — $\partial q_{Vx}/\partial x$;
- r_0 — Brunnenradius;
- $R_{\text{hydr.}}$ — hydraulischer Widerstand;
- R_x — Reichweite;
- t — Zeit;
- T — Profildurchlässigkeit;
- V — Volumen;
- w — pV;
- y — Höhenlage des Grundwasserspiegels über der horizontalen undurchlässigen Schicht;
- x — Ortskoordinate.

2. Diskussion des Berechnungsverfahrens von Siemon und Richter am Beispiel der Galerieanströmung

Berechnungsgrundlagen

Ersatz von Brunnen-, Fallfilter- oder Steckfilterreihen durch Gräben

Bei RICHTER (1968a, Abschn. 3.) werden die Brunnen-, Fallfilter- und Steckfilterreihen als Entwässerungsgräben idealisiert. Dies ist nicht fehlerfrei möglich.

Bei der Anströmung von Brunnen-, Fallfilter- oder Steckfilterreihen werden gegenüber der Grabenströmung in Abhängigkeit von a und r_0 (s. a. FUHRIG u. a. 1968) zusätzliche Strömungswiderstände verursacht. Die Größe dieser hydraulischen Widerstände ergibt sich zu (LUCKNER u. a. 1968):

a) einseitige Anströmung (s. a. FUHRIG u. a. 1968)

$$\text{zus. } R_{\text{hydr.}} = \frac{a}{2\pi k} \cdot \ln \frac{a}{2\pi r_0} \qquad (1\text{a})$$

b) symmetrische Anströmung (s. FUHRIG u. a. 1968)

$$\text{zus. } R_{\text{hydr.}} = \frac{a}{\pi k} \cdot \ln \frac{a}{2\pi r_0} \qquad (1\text{b})$$

Eine grobe Einschätzung des Einflusses dieser Zusatzwiderstände auf den zeitlichen Verlauf des Entwässerungsvorgangs kann man vornehmen, wenn man sie in Beziehung zum hydraulischen Widerstand des Gesamtströmungssystems bringen kann. Dies ist für die bei RICHTER (1968a) untersuchten Fälle möglich, da hierbei der hydraulische Widerstand des Gesamtströmungssystems zu allen Zeiten etwa R_x/k groß ist. Entsprechend der von LUCKNER u. a. (1968) durchgeführten Untersuchungen ist bei dem Ersatz der Reihen durch Gräben mit Zeitfehlern in der Größenordnung von zus. $R_{\text{hydr.}}$/ges. $R_{\text{hydr.}}$ zu rechnen. Für eine symmetrisch angeströmte Fallfilterreihe entsprechend RICHTER 1968a, Abb. 1, mit $R_x = A/2 = 125$ m, $2r_0 = 0{,}7$ m, $a = 50$ m ergäbe sich beim Ersatz dieser Reihe durch einen Graben ein Zeitfehler Δf_t von etwa

$$\Delta f_t \approx \frac{\text{zus. } R_{\text{hydr.}}}{\text{ges. } R_{\text{hydr.}}} = \frac{\frac{a}{\pi k} \ln \frac{a}{2\pi r_0}}{R_x/k} = 0{,}4$$

$$\Delta f_t \approx 40\%$$

Diese abschätzende Berechnung zeigt, welch große Bedeutung einer exakten Erfassung der hydraulischen Wirkung einer Brunnen-, Fallfilter- oder Steckfilterreihe zukommt. In dem im 3. Abschnitt erläuterten numerischen Lösungsverfahren werden die zusätzlichen hydraulischen Widerstände gemäß Gl. (1a) oder (1b) berücksichtigt.

Mathematisches Modell

In allen Beiträgen von RICHTER (1968a, 1968b, 1969a, 1969b) findet das gleiche mathematische Modell zur Beschreibung der nichtstationären Grundwasserströmung Anwendung. Es besteht aus einer über die Höhe des Grundwasserleiters integrierten Form des DARCYschen Gesetzes (BUSCH u. a. 1967, Gl. 4a). Bei der Anwendung der DUPUITschen Annahmen erhält dieses Gesetz folgende Form (RICHTER 1968a, Gl. 1c, u. 1968b, Gl. 2b):

$$q_x = -yk\frac{dy}{dx} \qquad (2)$$

Die Gl. (2) enthält zwei unbekannte Funktionen $q_x = q_x(x)$ und $y = y(x)$. Das mathematische Modell

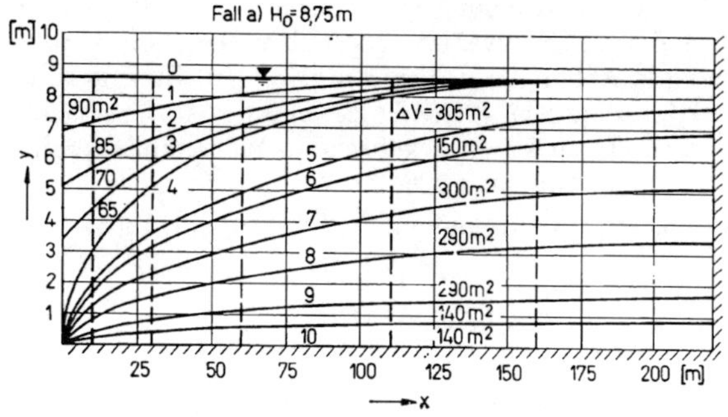

Abb. 1. **Lage der freien Grundwasseroberfläche als Funktion des Ortes und der Zeit; Fall a**

ΔV – wurde durch Planimetrieren bestimmt.

muß deshalb eine zweite Bestimmungsgleichung besitzen. Diese entscheidende Gleichung wird von RICHTER in den genannten Veröffentlichungen nicht angegeben. Er sagt (1968a, S. 421, unten) lediglich aus, daß q_x zu bestimmen sei und gibt die Ergebnisse für verschiedene „hydrogeologisch-grundwasserhaushaltliche" Bedingungen in einer Tabelle nach SIEMON (1958) an. Diese fehlende Gleichung, die Kontinuitätsgleichung, lautet nach SIEMON (s. o. Gl. 54) für eine beliebige Stelle x (s. a. RICHTER 1969c):

$$q_x = q_{nx} + q_{Vx} \tag{3}$$

Die Ermittlung von q_x setzt die Bestimmung von q_{nx} und q_{Vx} voraus, die bei SIEMON (1958, S. 30) beschrieben wird. Danach läßt sich Gl. (3) auch wie folgt schreiben (s. a. ebenda, Tab. 2), ferner RICHTER 1968a, Abb. 1, und 1968b, Abb. 2b):

$$q_x = \int_0^x q_s \, dx + \int_0^x q_{vx} \, dx \tag{4}$$

Es erhebt sich nun die Grundsatzfrage nach der Möglichkeit und Zulässigkeit der Integration von q_s und q_{vx} längs x. Die Grundwasserneubildung q_s wird längs x als bekannt vorausgesetzt (hydrologische Randbedingung). Das Integral

$$q_{nx} = \int_0^x q_s \, dx \tag{5}$$

ist somit analytisch, graphisch oder numerisch bestimmbar.

Die spezifische Entnahme aus dem Vorrat q_{vx} ist dagegen vorerst unbekannt und ihre Bestimmung eigentlich ein Ziel der gesamten Berechnung. Dieser Kernpunkt der Problematik wird von SIEMON und RICHTER übergangen. Die eigentlichen Probleme werden noch klarer, wenn man q_{vx} durch Grundgrößen ersetzt. Es gilt

$$q_{vx} = -p \cdot \frac{\partial y}{\partial t} \tag{6}$$

Da y eine vorerst unbekannte Funktion vom Ort x und der Zeit t ist ($y = y(x, t)$), ist die Lösung der partiellen Differentialgleichung (7)

$$q_{Vx} = -\int_0^x p \cdot \frac{\partial y}{\partial t} \, dx \tag{7}$$

und somit die der Gl. (3) losgelöst von der Gl. (2) grundsätzlich nicht möglich.

SIEMON und RICHTER lösen die Gl. (7), indem sie in Gestalt der Absenkungsstadien (SIEMON 1958, S. 15) die funktionelle Abhängigkeit der Absenkungsgeschwindigkeit $\partial y/\partial t$ bezüglich des Ortes und der Zeit als bekannt voraussetzen. Für sie gilt

$$\frac{\partial y}{\partial t} = C \cdot f(x) \tag{8}$$

(s. a. ebenda, Tab. 2, Zeile 4), wobei $f(x)$ entsprechend den Absenkungsstadien eine nach ihren Vorstellungen festgelegte Funktion von x ist, die beim Erreichen subjektiv vor Beginn der eigentlichen Berechnung festzusetzender Absenkungen wechselt (s. z. B. RICHTER 1968a, Abb. 6). Die konstante Größe C wird an Hand der geförderten Wassermenge bzw. des entwässerten Trichtervolumens bestimmt (s. SIEMON 1958, Tab. 2, Zeile 3).

Diese zu Beginn der Berechnung in Form der Gl. (8) getroffene Voraussetzung ist unsinnig, da ihre näherungsweise Festlegung [$f(x) = \text{const.}$, lineare Funktion von x oder auch als beliebige andere Funktion von x] entweder die Kenntnis des gesuchten Ergebnisses $y = y(x, t)$ voraussetzt oder bei willkürlicher Annahme dem richtigen Ergebnis im allgemeinen widersprechen muß.

Berechnungsbeispiele

Es sollen zwei Beispiele entsprechend RICHTER (1968a, Abb. 6) gelöst werden. Bei LUCKNER u. a. (1968) wurden zwei solche Beispiele mit einem Entwässerungsgraben, dessen Wasserspiegel plötzlich auf $h_0 = 0$ abgesenkt wird („ungesteuerter Absenkungsvorgang"),

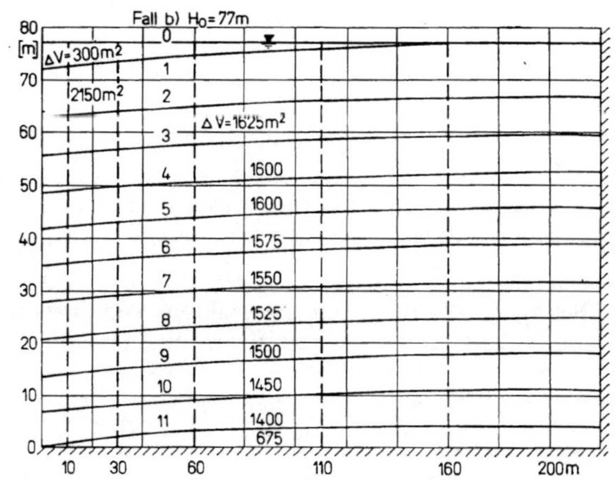

Abb. 2. **Lage der freien Grundwasseroberfläche als Funktion des Ortes und der Zeit; Fall b**

ΔV – wurde durch Planimetrieren bestimmt.

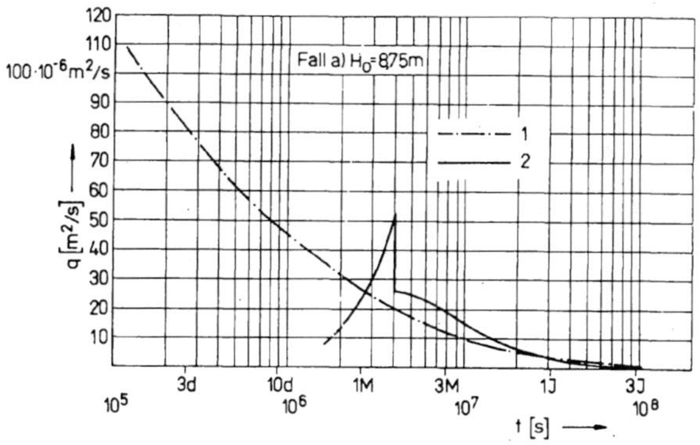

Abb. 3 Zustrom zum Graben je m Länge als Funktion der Zeit; Fall a
1 – exakte Lösung; 2 – Ergebnis nach L. RICHTER

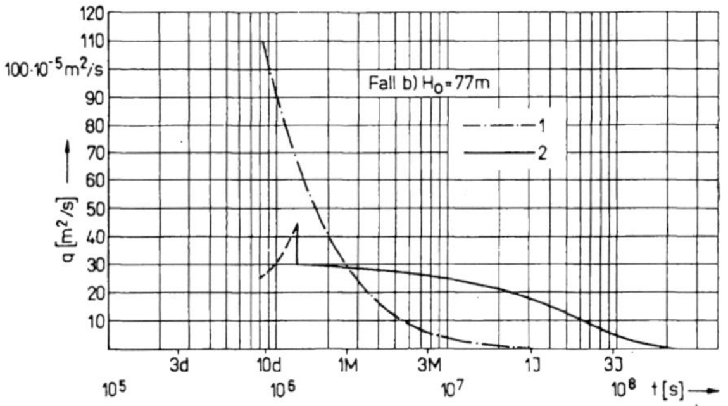

Abb. 4. Zustrom zum Graben je m Länge als Funktion der Zeit; Fall b
1 – exakte Lösung; 2 – Ergebnis nach L. RICHTER

analytisch, modelltechnisch und numerisch mit folgenden geohydraulischen Kennwerten untersucht:

$$H_{t=0} = 8{,}75 \text{ m und } 77 \text{ m};$$
$$k = 1 \cdot 10^{-4} \text{ m/s};$$
$$R_x = 220 \text{ m};$$
$$p = 0{,}25.$$

Nach RICHTER (1968a) gilt für q:

Stadium I $\quad q_{vx} \quad q = \dfrac{3k(H^2 - h_0^2)}{2R_x}$

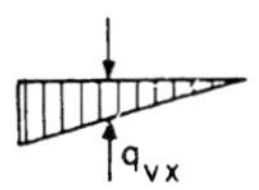

II $\quad q_{vx} \quad q = \dfrac{k(H^2 - h_0^2)}{R}$

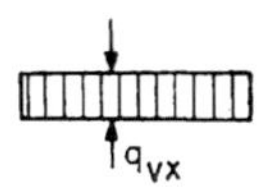

III $\quad q_{vx} \quad q = \dfrac{3k(H^2 - h_0^2)}{4R}$

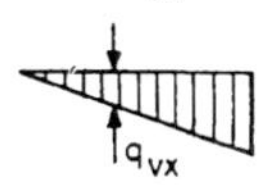

und für die Spiegellinie:

$$\text{I:} \quad y^2 = H^2 - \frac{2q}{k} \cdot \left[(R - x) - \frac{2}{R}\left(\frac{R^2}{2} - \frac{x^2}{2}\right) + \frac{1}{R^2}\left(\frac{R^3}{3} - \frac{x^3}{3}\right)\right]$$

$$\text{II:} \quad y^2 = H^2 - \frac{2q}{k} \cdot \left[(R - x) - \frac{1}{R}\left(\frac{R^2}{2} - \frac{x^2}{2}\right)\right]$$

$$\text{III:} \quad y^2 = H^2 - \frac{2q}{k} \cdot \left[(R - x) - \frac{1}{R^2}\left(\frac{R^3}{3} - \frac{x^3}{3}\right)\right]$$

Das Stadium I gilt bis zu $s_1 = H_{t=0} - h_0 = \dfrac{R}{575\sqrt{Hk}}$

a) $H_{t=0} = 8{,}75$ m $\quad s_1 = 12{,}9$ m

An das Stadium I müßte sich wegen $s_1 > H_{t=0}$ sofort Stadium III anschließen.

b) $H_{t=0} = 77$ m $\quad s_1 = 4{,}4$ m

Das Stadium I müßte hier schon bei $h_0 = 77{,}0 - 4{,}4 = 72{,}6$ m in das Stadium II und dieses bei $H = 4{,}4$ m in das Stadium III übergehen.

Es lassen sich nun beliebige Randabsenkungen (H- und h_0-Werte) unter Beachtung der Absenkungsstadien vorgeben und die dazugehörigen q- und y-Werte nach obigen Gleichungen berechnen (s. Abb. 1 und 2).

Die jeder Absenkungskurve zugehörige Absenkungszeit läßt sich nach RICHTER 1968a, Gl. (28), (29) bestimmen, wobei $w_i = p \cdot V_i$ für die beiden Beispiele durch Planimetrieren ermittelt wurde. In der Tab. wurden alle berechneten Größen zusammengestellt.

Abb. 3, 4, 5 und 6 zeigen die auf diese Weise bestimmten Größen für $q = q(t)$ und $y = y(t)$. Sie wurden den exakten Werten nach LUCKNER (1968) gegenübergestellt.

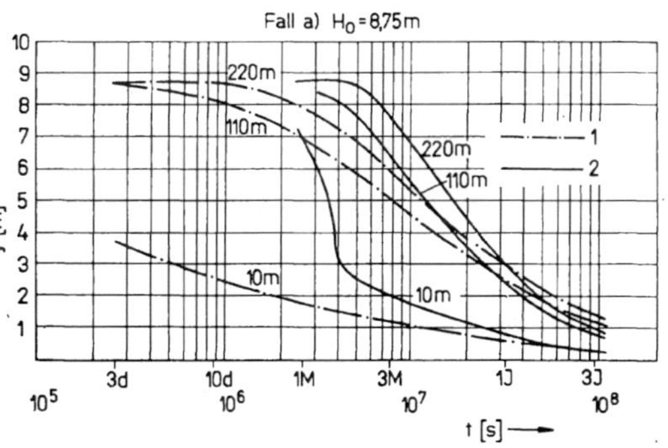

Abb. 5. Lage der freien Grundwasseroberfläche als Funktion der Zeit; Fall a
1 – exakte Lösung; 2 – Ergebnis nach L. RICHTER

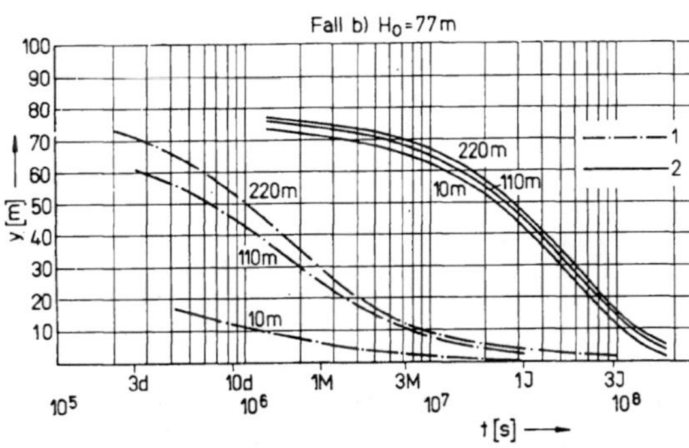

Abb. 6. Lage der freien Grundwasseroberfläche als Funktion der Zeit; Fall b
1 – exakte Lösung; 2 – Ergebnis nach L. RICHTER

Vergrößert man die Schrittzahl, so müßten sich nach RICHTER (1968a, S. 424) genauere Werte ergeben. Daß dies nicht zutrifft, kann man leicht überprüfen.

Die beiden Berechnungsbeispiele zeigen, daß das tatsächliche Absenkungsgeschehen durch die Verfahren von SIEMON und RICHTER nicht richtig erfaßt wird. Abb. 3 zeigt besonders deutlich, daß trotz Fallfilterbetrieb die zuströmende Wassermenge von Null beginnend erst nach einer ganz erheblichen Zeit ihren Maximalwert erreicht (vergrößert man die Schrittzahl, so dauert diese Phase noch länger). Das steht in völligem Widerspruch zum tatsächlichen Verhalten.

An Hand der beiden Beispiele wird deutlich, welche Fehler bei der Anwendung der Berechnungsverfahren von RICHTER auftreten können.

Während im Fall a) (Abb. 3 und 5) die tatsächlichen Verhältnisse in grober Näherung erfaßt werden, treten beim Fall b) (Abb. 4 und 6) beachtliche Abweichungen auf. Abb. 6 zeigt, daß für die Absenkungen an den Punkten $x = 220$ m, $x = 110$ m und $x = 10$ m Zeitfehler von 1000% bis 10000% auftreten.

Interessant ist auch folgender Widerspruch (s. vor allem Abb. 1). Während für die Bestimmung von q und y vorausgesetzt wurde, daß bis zu $h_0 = 0$ das Absen-

Tabelle

Fall a) H_0 = 8,75 m

					y = [m]								
	H_0	h_0	q [m²/s]	$\bar{q}$	$x = 0$	10	30	60	110	160	Δw [m²]	Δt [s]	t [s]
I	8,75	8,75	0,00		–	–	–	–	–	–			0,0 · 10⁶
				9,40							22,5	2,39 · 10⁶	
	8,75	7,00	18,79 · 10⁻⁶		7,00	7,25	7,66	8,10	8,55	8,72			2,39 · 10⁶
				26,10							21,0	0,805 · 10⁶	
	8,75	5,25	33,41 · 10⁻⁶		5,25	5,81	6,70	7,58	8,40	8,70			3,20 · 10⁶
				38,63							17,5	0,453 · 10⁶	
	8,75	3,50	43,85 · 10⁻⁶		3,50	4,54	5,92	7,19	8,26	8,66			3,65 · 10⁶
				48,03							16,0	0,333 · 10⁶	
	8,75	0,00	52,20 · 10⁻⁶		0,00	3,15	5,21	6,86	8,16	8,65			3,99 · 10⁶
III	8,75	0,00	26,10 · 10⁻⁶		–	–	–	–	–	–			3,99 · 10⁶
				23,63							76,5	3,24 · 10⁶	
	7,88	0,00	21,17 · 10⁻⁶		0,00	2,06	3,55	4,97	6,53	7,45			7,22 · 10⁶
				18,94							37,5	1,98 · 10⁶	
	7,00	0,00	16,70 · 10⁻⁶		0,00	1,82	3,15	4,41	5,80	6,63			9,20 · 10⁶
				13,05							75,0	5,75 · 10⁶	
	5,25	0,00	9,40 · 10⁻⁶		0,00	1,36	2,36	3,31	4,34	4,96			14,95 · 10⁶
				6,79							72,5	10,68 · 10⁶	
	3,50	0,00	4,18 · 10⁻⁶		0,00	0,91	1,58	2,20	2,90	3,31			25,63 · 10⁶
				2,61							72,5	27,78 · 10⁶	
	1,75	0,00	1,04 · 10⁻⁶		0,00	0,45	0,78	1,11	1,45	1,66			53,41 · 10⁶
				0,654							35,0	53,52 · 10⁶	
	0,88	0,00	0,264 · 10⁻⁶		0,00	0,23	0,40	0,55	0,73	0,83			106,93 · 10⁶

Fall b) H_0 = 77,0 m

					y = [m]								
	H_0	h_0	q [m²/s]	$\bar{q}$	$x = 0$	10	30	60	110	160	Δw [m²]	Δt [s]	t [s]
I	77,0	77,0	0,00		–	–	–	–	–	–			0,00
				2,24							300	1,34 · 10⁶	
	77,0	72,6	4,49 · 10⁻⁴		72,6	73,2	74,3	75,2	76,5	77,0			0,134 · 10⁷
II	77,0	72,6	2,99 · 10⁻⁴		–	–	–	–	–	–			
				2,80							2150	0,768 · 10⁷	0,902 · 10⁷
	67,4	63,0	2,61 · 10⁻⁴		63,0	63,3	64,2	65,0	66,4	67,1			
				2,47							1625	0,658 · 10⁷	1,56 · 10⁷
	60,4	56,0	2,33 · 10⁻⁴		56,0	56,4	57,1	58,0	59,3	60,0			
				2,19							1600	0,731 · 10⁷	2,29 · 10⁷
	53,4	41,0	2,05 · 10⁻⁴		49,0	49,3	50,0	51,0	52,1	53,0			
				1,91							1600	0,838 · 10⁷	3,13 · 10⁷
	46,4	42,0	1,77 · 10⁻⁴		42,0	42,3	43,0	44,0	45,2	46,0			
				1,63							1575	0,967 · 10⁷	4.10 · 10⁷
	39,4	35,0	1,49 · 10⁻⁴		35,0	35,4	36,1	37,0	38,3	39,0			
				1,35							1550	1,15 · 10⁷	5,25 · 10⁷
	32,4	28,0	1,21 · 10⁻⁴		28,0	28,4	29,1	30,0	31,2	32,0			
				1,07							1525	1,43 · 10⁷	6,67 · 10⁷
	25,4	21,0	0,928 · 10⁻⁴		21,0	21,4	22,1	23,1	24,3	25,0			
				0,790							1500	1,90 · 10⁷	8,58 · 10⁷
	18,4	14,0	0,648 · 10⁻⁴		14,0	14,4	15,2	16,2	17,4	18,1			
				0,510							1450	2,85 · 10⁷	11,43 · 10⁷
	11,4	7,0	0,368 · 10⁻⁴		7,00	7,50	8,34	9,35	10,4	11,1			
III				0,217							1400	6,45 · 10⁷	17,88 · 10⁷
	4,4	0,0	0,066 · 10⁻⁴		0,00	1,02	1,98	2,78	3,64	4,15			

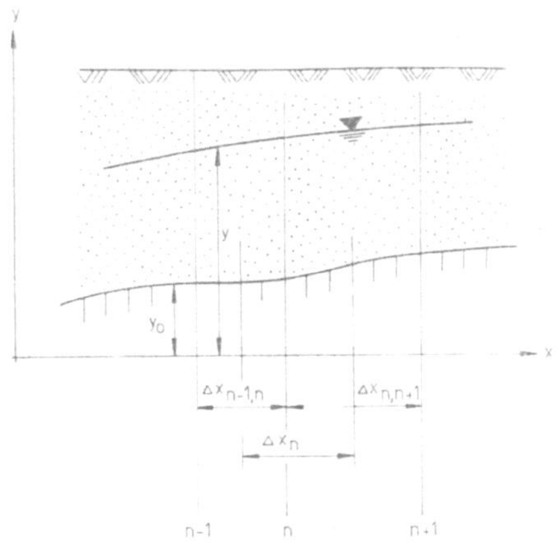

Abb. 7. Schema der Ortsdiskretisierung

kungsstadium I auftritt, erkennt man nach Aufzeichnung der Absenkungskurven (s. Abb. 1, Kurven 1 bis 4), daß in keiner Weise eine dreieckförmige Absenkung I eintritt. Dies gilt gleichermaßen auch für alle übrigen Stadien.

Die Berechnungsbeispiele zeigen deutlich, daß das Berechnungsverfahren von RICHTER zur Lösung der „ungesteuerten Absenkung" nicht angewendet werden kann. Die Ergebnisse lassen sich auch durch die Einführung von Zwischenstadien nicht verbessern, da für die Festlegung ihres Wechsels und die Festlegung der Laufvariablen vor Kenntnis des eigentlich zu ermittelnden Ergebnisses $y = y(x, t)$ kein Anhalt existiert (s. a. RICHTER 1969b, S. 207).

Bei der „gesteuerten Absenkung" (RICHTER 1968a, S. 426) tritt ein weiterer Widerspruch hinzu. Bei der „gesteuerten Absenkung" ist die Entnahme q vorgegeben. Da aber auch durch Wahl der Absenkungsstadien und Randabsenkungen q nach den Gleichungen von RICHTER (ebenda, Gl. 4, 5 und 6) gegeben ist, widersprechen sich zusätzlich diese Vorgaben mit den Ergebnissen nach RICHTER. Abb. 2 und 4 zeigen beispielsweise deutlich, daß bei einer Parallelabsenkung (Stadium II) q stets mit der Absenkung abfällt, so daß bei konstanter Entnahme niemals das Stadium II auftreten kann. Aber auch für die Stadien I und III ist q nicht konstant (s. Abb. 3 und 4), so daß auch diese bei konstanter Entnahme nicht auftreten können.

Alle bei der Grabenanströmung aufgezeigten Widersprüche treffen auch für die Anströmung radialer Fassungsanlagen (RICHTER 1968b u. 1969b) zu. Auch hierbei ist mit Fehlern in der Größenordnung zu rechnen, wie sie bei den Berechnungsbeispielen nachgewiesen wurden. Die Berechnungsbeispiele zeigen weiterhin, daß einer möglichst genauen Bestimmung des Trichterinhalts nach den in RICHTER (1969a) abgeleiteten Beziehungen keine Bedeutung beizumessen ist, da die Spiegelgleichungen (Eingangswerte) zu fehlerbehaftet sind.

Die von RICHTER erwähnten Rechenprogramme setzen ebenfalls zu Beginn der Berechnung eine subjektive Festlegung des Übergangs von einem zum anderen Absenkungsstadium und die Festlegung der Laufvariablen voraus. Diese Schätzungen beeinflussen aber das Ergebnis um oftmals mehrere 100%, wie sich leicht an Hand der Beispiele überprüfen läßt, so daß einer nachfolgenden genauen Berechnung mit Digitalrechnern keine Bedeutung zukommt.

Alle diese Weiterentwicklungen von RICHTER führen somit zu keiner grundsätzlichen Verbesserung des Verfahrens der Berechnung nichtstationärer Grundwasserströmungsprobleme durch Vorgabe von Absenkungsstadien.

3. Numerisches Berechnungsverfahren der nichtstationären Grundwasserströmung am Beispiel der Galerieanströmung

Mathematisches Modell

Im Abschn. 2. (Mathematisches Modell) konnte geklärt werden, daß die Grundgleichung (2) die Galerieanströmung mit der DUPUITschen Idealisierung im wesentlichen richtig beschreibt. Liegt keine horizontale undurchlässige Sohle des Grundwasserleiters vor, so lautet diese Gleichung allgemein:

$$q_x = -T \frac{\partial y}{\partial x} \quad \text{mit} \quad T = \int_{y_0}^{y} k \, dy \tag{9}$$

y_0 — Höhenlage der undurchlässigen Schicht.

Als zweite Grundgleichung des mathematischen Modells der Galerieanströmung wurde in dem besagten Abschnitt die Gl. (4) ausgewiesen. Differenziert man Gl. (4) nach x und berücksichtigt die Gl. (6), so ergibt sich die Kontinuitätsgleichung der Galerieanströmung:

$$\frac{\partial q_x}{\partial x} = q_s - p \frac{\partial y}{\partial t} \tag{10}$$

Durch das Einsetzen der Gl. (9) in die Gl. (10) wird eine der beiden unabhängigen Variablen vorerst eliminiert, und es entsteht die nichtlineare partielle Differentialgleichung (11)

$$\frac{\partial}{\partial x}\left(T \frac{\partial y}{\partial x}\right) = p \frac{\partial y}{\partial t} - q_s \tag{11}$$

deren exakte analytische Lösung selbst für $T = ky$ bislang noch nicht gelungen ist. Eine numerische Lösung dieser Gleichung wird möglich, wenn sie in eine Differenzengleichung übergeführt wird. Mit der in Abb. 7 angedeuteten beliebigen Diskretisierung ergibt sich nach LUCKNER u. a. (1968):

$$\frac{T_{n,n+1} \cdot \dfrac{y_{n+1} - y_n}{\Delta x_{n,n+1}} - T_{n-1,n} \cdot \dfrac{y_n - y_{n-1}}{\Delta x_{n-1,n}}}{\Delta x_n} = p \frac{d y_n}{dt} - q_s \tag{12}$$

$$\text{mit} \quad T_{n,n+1} = \frac{T_n + T_{n+1}}{2}; \quad T_{n-1,n} = \frac{T_{n-1} + T_n}{2}$$

Besondere Schwierigkeiten bereitet die Diskretisierung der Größe dy_n/dt. Grundsätzlich gibt es hierfür nach KARPLUS (1958) drei Möglichkeiten:

$$\frac{dy}{dt} = \begin{cases} (y^{m+1} - y^m):\Delta t & = \text{Vorwärtsdifferenz} \\ (y^{m+1} - y^{m-1}):2\Delta t & = \text{Zentraldifferenz} \\ (y^m - y^{m-1}):\Delta t & = \text{Rückwärtsdifferenz} \end{cases}$$

Während die Vorwärtsdifferenz nur unter gewissen Bedingungen und die Zentraldifferenz, die naturgemäß die geringsten Diskretisierungsfehler verursacht, in jedem Fall zu instabilen Lösungen führt, erhält man bei der Anwendung der Rückwärtsdifferenz für jede beliebige Wahl von Δx und Δt stets stabile Ergebnisse. Mit ihr bekommt die Gl. (12) folgende Gestalt:

$$\frac{1}{\Delta x_n}\left[T^m_{n,n+1}\cdot\frac{y^m_{n+1}-y^m_n}{\Delta x_{n,n+1}} - T^m_{n-1,n}\cdot\frac{y^m_n-y^m_{n-1}}{\Delta x_{n-1,n}}\right]$$

$$= p\,\frac{y^m_n - y^{m-1}_n}{t^m - t^{m-1}} - q_s \qquad (13)$$

wobei mit m, $m+1$, $m+2\dots$ die Zeitpunkte beziffert wurden. Im Zeit-Ort-Schema erfaßt die Gl. (13) die in Abb. 8A gekennzeichneten Punkte. Die Gl. (13) muß für jeden Abschnitt Δx und für jeden Zeitabschnitt formuliert werden. Die praktische Auswertung dieser riesigen Zahl von Differenzengleichungen ist nur mit schnellen Digitalrechnern möglich.

Prinzip der digitalen Berechnung

Die Lösung der Gl. (13) ist möglich, wenn 3 von den 4 in die Berechnung eingehenden Funktionswerten y bekannt sind. Bei isolierter Betrachtung einer dieser Differenzengleichungen ist nur einer der 4 y-Werte bekannt (s. a. Abb. 8A). Da beim Ansatz der Gl. (13) für die weiteren Intervalle die gesuchten Funktionswerte noch mehrmals Verwendung finden, ist eine Berechnung aller Funktionswerte zur Zeit m durch die simultane Lösung eines Systems von Differenzengleichungen der Form (13) (Zahl der Gleichungen des Systems ist gleich der Zahl der Intervalle) möglich. Durch ein spezielles elektrisches Widerstandsnetzwerk (LUCKNER 1968, Abs. 4) kann dieses Gleichungssystem simultan für je ein Zeitintervall auf analogem Wege gelöst werden.

Für die digitale Berechnung eignet sich die simultane Lösung (Determinantenlösung) bei der sehr großen Zahl der Differenzengleichungen nicht, da der Zeitaufwand zu groß wird. Es wird deshalb nachfolgendes Berechnungsverfahren vorgeschlagen, mit dem bisher ausgezeichnete Erfahrungen gesammelt werden konnten. Bei diesem Verfahren wird der Funktionswert an der Stelle n zur Zeit m in einer 1. Näherung dadurch berechnet, daß für den Funktionswert an der Stelle $n-1$ zur Zeit m der im vorangegangenen Schritt berechnete Wert oder der Randbedingungswert und für den Funktionswert an der Stelle $n+1$ zur Zeit m näherungsweise der Wert zur Zeit $m-1$ eingesetzt werden. Die Gl. (13) erfaßt damit bei der 1. Näherung die in Abb. 8B gekennzeichneten Funktionspunkte.

Die im Zeit-Ort-Schema gekennzeichnete Kombination von Funktionspunkten bietet noch keine absolute Gewähr für stabile Lösungen. Dies ist aber unbedeutend, da schon in 2. Näherung der Funktionswert an der Stelle $n+1$, der in 1. Näherung durch den bekannten zur Zeit $m-1$ an dieser Stelle herrschenden Funktionswert Eingang gefunden hat, durch den Funktionswert zur Zeit m ersetzt wird, der bei der 1. Näherung berechnet wurde.

Die Gl. (13) erfaßt damit bei der 2. Näherung die in Abb. 8C gekennzeichneten Punkte des Zeit-Ort-Schemas. Die Zahl der Näherungen l richtet sich nach der gewünschten Genauigkeit.

$$\varepsilon \geq |y^m_{i,l+1} - y^m_{i,l}| \qquad \text{für alle } i = 0, 1, 2, \dots n, n+1$$

Setzt man zur Vereinfachung der Berechnung in l-ter Näherung für die Profildurchlässigkeit T die Werte der $(l-1)$ten Näherung, so läßt sich Gl. (13) nach der gesuchten Größe y auflösen. Für die l-te Näherung ergibt sich somit [Gl. (14), S. 571 oben].

Ist $p = p(y)$, so ist in Gl. (14) p zum Zeitpunkt $m - {}^1/_2$ einzusetzen. Für gespannte Strömungsverhält-

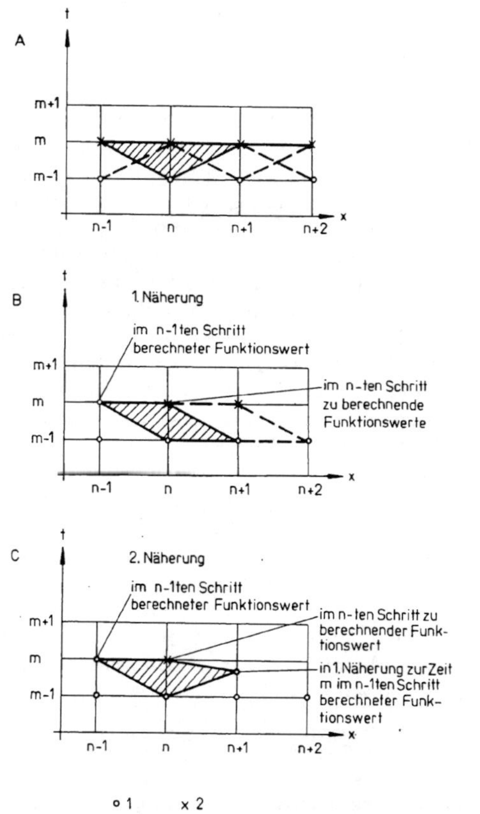

Abb. 8. Zeit-Ort-Schema der numerischen Berechnung
1 — bekannte Funktionswerte; 2 — zu berechnende Funktionswerte

nisse geht Gl. (14) identisch in die von HENNIG (1969) entwickelte Beziehung über.

$$y^m_{n,l} = \frac{\frac{1}{\Delta x_n} \cdot \left[\frac{T^m_{n,n+1;l-1}}{\Delta x_{n,n+1}} \cdot y^m_{n+1;l-1} + \frac{T^m_{n-1,n;l-1}}{\Delta x_{n-1,n}} \cdot y^m_{n-1;l} \right] + \frac{p}{\Delta t} y^{m-1}_n + q^m_s}{\frac{1}{\Delta x_n} \left[\frac{T^m_{n,n+1;l-1}}{\Delta x_{n,n+1}} + \frac{T^m_{n-1,n;l-1}}{\Delta x_{n-1,n}} \right] + \frac{p}{\Delta t}} \qquad (14)$$

Anwendungsmöglichkeiten des Verfahrens

Das Verfahren eignet sich nicht nur zur Lösung der nichtstationären Galerieanströmung bei gespannten und ungespannten Strömungsverhältnissen, sondern läßt sich auch bei der Lösung rotationssymmetrischer und allgemeiner horizontalebener nichtstationärer Grundwasserströmungsprobleme nutzen. Die Annahme einer horizontalen undurchlässigen Sohle des Grundwasserleiters ist nicht erforderlich. Eine beliebige Schichtenfolge läßt sich in der Form $T = T(y)$ berücksichtigen. Dabei kann die Profildurchlässigkeit $T = T(y)$ zusätzlich von Ortspunkt zu Ortspunkt unterschiedlich groß sein. Es ist leicht möglich, als Randbedingungen eine beliebige Absenkung oder Entnahme in Abhängigkeit von der Zeit bzw. eine echte Pumpenkennlinie (Entnahme als Funktion der Absenkung) zu berücksichtigen. Die benötigten Rechenzeiten sind auch für relativ schnelle Rechner (z. B. ELLIOT) erheblich.

Im Rahmen eines Forschungsauftrags (LUCKNER u. a. 1968) wurde das Verfahren an Hand einiger Beispiele getestet. Es handelte sich dabei einerseits um die von RICHTER (1968a) untersuchte Problematik und andererseits um die Lösung der nichtstationären Strömungsverhältnisse, die eintreten, wenn die Galerien zeitlich gestaffelt in Betrieb genommen werden. Bei letzterem Problem wurden die Zusatzwiderstände [s. Gl. (1)] berücksichtigt. Die erzielten Ergebnisse stimmen ausgezeichnet mit den in Analogiemodellversuchen ermittelten Ergebnissen überein.

Die dabei benutzten Rechenprogramme werden gegenwärtig verallgemeinert und auf ALGOL 60 umgeschrieben, so daß in nächster Zeit allgemeine Programme für die nichtstationäre Anströmung von Rand- und Feldgalerien vorliegen werden. Das Programm für die Berechnung der Entwässerungswirkung der Feldgalerien soll erweitert werden, so daß auch das Vorrücken der Tagebaukante erfaßt wird. Gegenwärtig wird auch ein Programm für eine horizontalebene Strömung getestet. Programme für rotationssymmetrische Strömungen wurden vorbereitet.

Die Forschungsgruppe Grundwasserhydraulik der Sektion Wasserwesen der Technischen Universität Dresden und des Instituts für Wasserwirtschaft, Berlin, betrachtet die schnelle Einführung der entwickelten numerischen Verfahren in die Entwässerungsprojektierung der Braunkohlenkombinate als eine Schwerpunktaufgabe.

Zusammenfassung

In dem Beitrag werden die theoretischen Unzulänglichkeiten des von SIEMON (1958) und RICHTER (1968a, 1968b, 1969a, 1969b) für nichtstationäre Grundwasserströmungsprobleme durch Vorgabe von Absenkungsstadien abgeleitete Berechnungsverfahren aufgezeigt und erläutert. An zwei Berechnungsbeispielen wird quantitativ gezeigt, zu welchen bedeutenden Fehleinschätzungen die Anwendung dieses theoretisch unzureichenden Berechnungsverfahrens führen kann. Nachfolgend werden die Grundlagen eines rezenten numerischen Berechnungsverfahrens erläutert, mit dessen Hilfe sich die von SIEMON und RICHTER aufgeworfenen Probleme mit hoher Genauigkeit lösen lassen.

Резюме

В статье приводятся и объясняются теоретические недостатки выведенного Зимоном (1958) и Рихтером (1968a, 1968b, 1969a, 1969b) вычислительного способа для неустановившихся течений грунтовых вод путем планирования стадий понижения. На двух вычислительных примерах показывается количественно, к каким значительным ошибочным оценкам может привести использование этого теоретически недостаточного вычислительного способа. Потом объясняются основы современного цифрового вычислительного способа, при помощи которого можно решить поставленные Зимоном и Рихтером проблемы с высокой точностью.

Summary

Theoretical insufficiencies of the calculating method derived by SIEMON (1958) and RICHTER (1968a, 1968b, 1969a, and 1969b) for problems of non-steady ground water flow by giving lowering stages are shown and explained. Two examples show quantitatively considerable erroneous estimates caused by the application of this theoretically insufficient method. In the present paper the bases of a recent numerical method of calculation are explained, by which problems raised by SIEMON and RICHTER can be solved with high accuracy.

Literatur

BUSCH, K.-F., & L. LUCKNER: Grundgesetze der modernen Grundwasserhydraulik. — Bergbautechnik, 7 (1967).

— Beitrag zur angewandten Brunnenhydraulik. — Bergbautechnik, 1 (1968).

BUSCH, K.-F., L. LUCKNER & K. TIEMER: Die wichtigsten analytischen Berechnungsverfahren der stationären eindimensionalen Grundwasserströmungsvorgänge. — Bergbautechnik, 7 (1967).

BUSCH, K.-F., K. TIEMER & L. LUCKNER: Die wichtigsten analytischen Lösungsmethoden für die partiellen Differentialgleichungen der Grundwasserhydraulik. — Bergbautechnik, 12 (1967).

FUHRIG, F., L. MISCHKEWITZ, L. LUCKNER & L. HERRMANN: Das elektrische Analogiegerät „analog 1" — ein Beitrag zur Rationalisierung der Entwässerung der Braunkohlentagebaue. — Bergbautechnik, 4 (1968).

HENNIG, G.: Beitrag zur Berechnung des instationären Absenkungsvorganges im gespannten Grundwasser mit Hilfe des Differenzenverfahrens. — Diss.-Schr. Bergakad. Freiberg 1969.

KARPLUS, W. J.: Analog simulation — solution of field problems. — McGraw-Hill Book Comp., New York, Toronto, London 1958.

LUCKNER, L., & D. PEUKERT: Forschungsbericht des Deutschen Brennstoffinstituts Freiberg Nr. 8—66: Schaffung von Grundlagen zur Vervollkommnung und Modellierung der Filterbrunnenentwässerung. Absenkungsverlauf bei Galerien. — Freiberg 1968.

PEUKERT D.: Ein Beitrag zur Berechnung des Absenkungsverlaufs an Brunnengalerien. — Bergbautechnik, 10 (1968).

RICHTER, L.: Die Ermittlung von Abständen paralleler Entwässerungsstrecken und Filterbrunnenreihen bei Tagebauentwässerungen. — Z. angew. Geol., 14, 8, Berlin 1968 [1968a].

— Hydrogeologische Gleichungen zur Ermittlung der Grundwasserentnahmemengen bei der Entwässerung von Tagebauen und großen Baugruben. — Z. angew. Geol., 14, 9, Berlin 1968 [1968b].

— Erfassung des Grundwasservorrats bei Grundwasserabsenkungen. — Z. angew. Geol., 15, 2, Berlin 1969 [1969a].

— Abstandsermittlung netzförmig angeordneter Brunnengruppen und Einzelbrunnen bei Tagebauentwässerungen. — Z. angew. Geol., 15, 4, Berlin 1969 [1969b].

— Absenkungs- und Entnahmegleichungen zur Berechnung von Grundwasserabsenkungen. — Bergbautechnik, 1 (1969) [1969c].

SIEMON, H.: Berechnung von Grundwasserabsenkungen unter Berücksichtigung des Grundwasserhaushaltes. — Ministerium für Ernährung, Landwirtschaft und Forsten des Landes Nordrhein-Westfalen, Düsseldorf 1958.

Über den Einfluß toniger Deckschichten auf die Lage des Gas/Wasser- und Gas/Öl-Kontakts in mehrschichtigen Lagerstätten

W. P. STROGANOW, UdSSR

In den mehrschichtigen Lagerstätten des erdgas- und erdölführenden Gebiets von Buchara—Chiwa ist folgende Gesetzmäßigkeit in der Veränderung der Höhenlage des Gas/Wasser- und des Gas/Öl-Kontakts im Profil zu beobachten: Der Kontakt des oberen Lagers liegt in der Regel höher als der des unteren. Diese Gesetzmäßigkeit ist eine Eigenart der Lager in kretazischen und in jurassischen Sedimenten (KUSCHNIROW 1965).

Zur Klärung der Ursachen dieser Gesetzmäßigkeit müssen die Besonderheiten der Bildungsbedingungen und des geologischen Baues der Lagerstätten untersucht werden. Es steht fest, daß der Kontakt des oberen Lagers unabhängig von den Bildungsbedingungen des Lagers über dem des unteren liegen wird, wenn das Speicherabschlußniveau der oberen produktiven Schicht höher liegt als der oberste Punkt des Speicherraums der unteren produktiven Schicht (Abb. 1b).

Ist eine Lagerstätte derart gebaut, daß das Speicherabschlußniveau im oberen Horizont tiefer liegt als der höchste Punkt des Speichers im unteren Horizont (Abb. 1d), d. h., liegt eine „Überlagerung" der oberen Falle durch die untere vor, so können die Kontakte in benachbarten Lagern ganz verschieden liegen. Der Kontakt des oberen Lagers kann sich dann in höherem oder tieferem Niveau befinden als der Kontakt im unteren Lager. Deshalb braucht man zur Klärung der Lage des Gas/Wasser- und des Gas/Öl-Kontakts eine genaue Analyse des jeweiligen geologischen Baues.

Wir führen einen Parameter ein, der die Größe der Überdeckung der unteren Falle durch die obere charakterisiert. Er ist gleich dem Abstand zwischen dem höchsten Punkt der Abdeckung des unteren Horizonts und dem Speicherabschlußniveau des oberen Horizonts. Als Nullinie für die Berechnung wählen wir das Speicherabschlußniveau des oberen Horizonts. Liegt das Niveau des höchsten Punktes des unteren Horizonts über dem Speicherabschlußniveau des oberen Horizonts (s. Abb. 1d), ist der Wert z positiv. Bei entgegengesetzten Verhältnissen (Abb. 1b) ist z negativ. Hieraus kann man die Behauptung ableiten, daß die gegenseitige Lage der Kontakte einer solchen Lagerstätte durch den geologischen Bau der Antiklinale kontrolliert wird, wenn die produktiven Horizonte durch $z < 0$ charakterisiert werden. Das bedeutet, daß die gegenseitige Lage der Kontakte unabhängig vom Charakter der Migration (vertikal oder lateral) immer gleich sein wird, indem der Kontakt im oberen Lager höher liegt als der im unteren. Bei $z > 0$ ist eine zusätzliche Analyse der Lagerbildungsbedingungen erforderlich.

So ist zur Klärung der Ursachen für ein gesetzmäßiges Niveauabsinken der Kontakte in benachbarten Lagern vor allem der Wert z für jeden produktiven Horizont einer mehrschichtigen Lagerstätte zu bestimmen.

In der Tabelle werden die z-Werte für die produktiven Horizonte solcher Lagerstätten im Gebiet von Buchara—Chiwa angeführt, die eine sehr große Anzahl von Schichten enthalten. Aus ihr ist ersichtlich, daß $z < 0$ nur in den Horizonten XII und XVI der Lagerstätte Setalan—Tepe und im Horizont XVI der Lagerstätte Utschkyr auftritt. Für alle produktiven Horizonte der übrigen Lagerstätten ist $z > 0$. Infolgedessen unterliegen bei Beachtung der obengenannten Gesetzmäßigkeiten nur die Lagerstätte Setalan—Tepe mit den Horizonten XII und XVI und die Lagerstätte Utschkyr mit dem

---

Aus: „Geologija nefti i gasa", H. 1 (1969), S. 35–38, Übers.: W. TOBIAS, Berlin.

Tab. z-Werte der produktiven Horizonte der mehrschichtigen Lagerstätten des erdöl- und gasführenden Gebiets von Buchara—Chiwa

Lagerstätte	produktive Horizonte					XIII						XIV			XV		XVII	XVI
	IX	X	XI	XIa	XII	XIIIa	XIIIb	XIIIc	XIIId	XIIIe	XIIIf	XIV_1	XIV_{II}	XIV_2	XV_1	XV_2		
Gasli	0	+85	+51	+111	+140	+89	+50	+ 55	+38	+40	+8	–	–	–	–	–	+ 98	+ 66
Akdshar	–	–	0	–	+ 23	–	–	+127	–	–	–	–	+ 57	–	+ 99	–	+135	+146
Schurtschi	–	–	0	–	+ 48	–	–	+115	–	–	–	–	–	–	+ 45	–	+137	+138
Julduskak	–	–	–	–	0	–	–	+140	–	–	–	–	+ 86	–	+100	–	– 13	–
Utschkyr (Kuppel im Gebiet der Bohrung 2)	–	–	–	–	–	–	–	–	–	–	–	0	+ 87	+93	+ 71	+ 53	– 96	–
Utschkyr (Kuppel im Gebiet d. Bohrung 20)	–	–	–	–	–	–	–	–	–	–	–	0	+ 25	+32	+ 29	+ 18	–	–
Jangi – Kasgan	–	–	–	–	0	–	–	+3	–	–	–	–	+167	–	–	+179	–220	–
Setalan – Tepe	–	–	0	–	– 24	–	–	–	–	–	–	–	–	–	–	–	–	+ 68

Anmerkung: 0 = oberes Lager, für das z nicht ermittelt wird

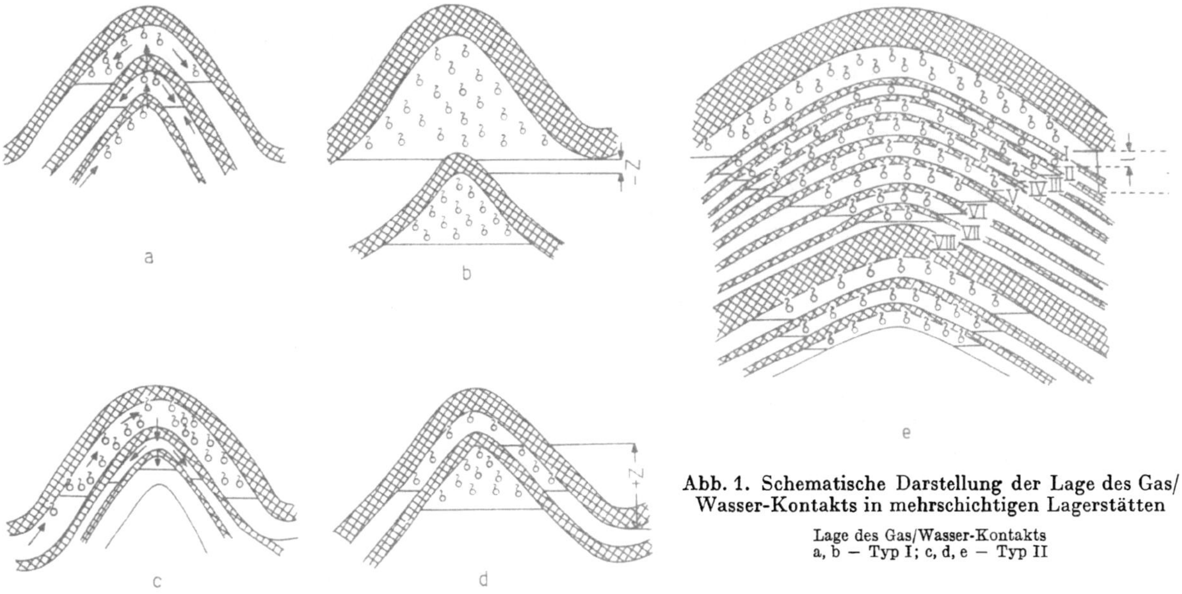

Abb. 1. Schematische Darstellung der Lage des Gas/Wasser-Kontakts in mehrschichtigen Lagerstätten

Lage des Gas/Wasser-Kontakts
a, b – Typ I; c, d, e – Typ II

Horizont XVI den Besonderheiten des geologischen Baues. Bei den übrigen Lagerstätten liegen die Ursachen für diese Gesetzmäßigkeit offensichtlich in bestimmten Bildungsbedingungen der Lager selbst, weil der geologische Bau die Entstehung von Lagern mit unterschiedlicher gegenseitiger Lage der Kontakte zuläßt.

Früher wurde gezeigt (STROGANOW 1966) (auf Grund einer Analyse der Parameter von Deckschichten und Lagern sowie hydrogeologischer und geochemischer Angaben), daß bei der Bildung und Umbildung der mehrschichtigen Lagerstätten im untersuchten Gebiet der vertikalen Migration von Erdgas durch die Dachschichten eine bedeutende Rolle zukommt.[1])

Es ist bekannt, daß die Migration von Erdgas durch tonige Schichten bei einem bestimmten Druckabfall vor sich geht (SAWTSCHENKO 1958). Bei einem Absinken des Druckes hört die Filtration auf. Infolgedessen ist der Schichtdruck des Gases in zwei benachbarten Lagern, deren Bildung oder Umbildung das Ergebnis vertikaler Gasmigration ist, immer unterschiedlich. Wenn die Migration von unten nach oben erfolgte, ist der Schichtdruck im oberen Lager immer niedriger als im unteren; umgekehrt sind sie im Gaslager des oberen Horizonts immer größer als im unteren, wenn die Migration von oben nach unten erfolgte.

Diese Tendenz der Veränderung von P_{Sch} spiegelt sich in benachbarten Lagern in entsprechendem Umfang in der gegenseitigen Lage der Kontakte wider. Dabei sind folgende Typen möglich:[2])

1. Der Gas/Wasser- oder Gas/Öl-Kontakt des oberen Lagers[3]) liegt höher als der Gas/Wasser- oder Gas/Öl-Kontakt des unteren Lagers (s. Abb. 1a und 2).

2. Der Gas/Wasser- oder Gas/Öl-Kontakt des oberen Lagers liegt tiefer als der Kontakt im unteren Lager.

[1]) Hierbei ist zu berücksichtigen, daß der Zustrom des Gases aus dieser oder jener Richtung durch laterale Migration über die unteren Horizonte aus stärker abgesenkten Gebieten vor sich ging.

[2]) Bei unterschiedlichen piezometrischen Wasserdrücken spiegeln sich gewisse Druckunterschiede auch in der absoluten Teufenlage der Kontakte wider, wodurch die Gesetzmäßigkeit ihrer gegenseitigen Lage verwischt wird, was zu berücksichtigen ist.

Bei der Bildung und Umbildung der Gaslager in den mehrschichtigen Lagerstätten des zur Behandlung stehenden Gebiets waren Prozesse der vertikalen Migration beteiligt. Infolgedessen spielten die tonigen Deckschichten eine wichtige Rolle bei der Herausbildung der festgestellten Gesetzmäßigkeit.

Das Verständnis für diesen Vorgang trägt auch dazu bei, eine andere häufig angetroffene Gesetzmäßigkeit in der Lage der Kontakte zu erklären, die vorzugsweise den Neokom-Apt-Gaslagern von Agdshar und Schurtschi und den oberjurassischen Sedimenten eigen ist. Sie besteht darin, daß sich die Teufenlage der Gas/Wasser-Kontakte innerhalb des Typs I in der Weise verändert, daß die äußere Kontur der Erdgasführung des unteren Lagers neben der Kontur des oberen Lagers zum Zentrum zu liegt, d. h., es ist eine Verringerung der Fläche der Lager zu beobachten (Abb. 2, Gasli, Sedimente des Neokoms).

Das Prinzipschema, in dem sich diese Gesetzmäßigkeit widerspiegelt, ist in Abb. 1e wiedergegeben. Aus ihr ist ersichtlich, daß der produktive Komplex (analog den Horizonten XII und XIII von Neokom—Apt in Abb. 2) durch mächtige Deckschichten überlagert wird. Dadurch wurde die Bildung eines oberen Lagers mit größeren Abmessungen als der aller tiefer liegenden Lager, deren Deckschichten eine bedeutend geringere Mächtigkeit haben, möglich. Dabei übte das obere Lager, in diesem Fall das Lager des Horizonts XII, einen gewissen Einfluß auf die Abmessungen der unteren Lager aus (STROGANOW 1966). Demzufolge erscheint die Höhe der letzteren gegenüber den Höhenlagen der Deckschichten überhöht. In solchen Fällen zeugt für die Höhe der Lager, die die eigenen Deckschichten über den unteren Horizonten einnehmen können, nur der Abstand l zwischen den Gas/Wasser- und Gas/Öl-Kontakten des oberen und unteren Lagers. Offensicht-

[3]) Die Frage der gegenseitigen Lage der Gas/Wasser- oder Gas/Öl-Kontakte in den Lagern mehrschichtiger Lagerstätten, die sich als Ergebnis einer vertikal gerichteten Migration gebildet haben, wurde früher bereits von W. P. SAWTSCHENKO (1958) und A. L. KOSLOW (1959) behandelt.

lich ist der Abstand l um so größer, je stärker die Abschirmfähigkeit der Deckschichten ist; und um so weiter liegen die Kontakte benachbarter Lager auseinander.

Aus Abb. 1e geht hervor, daß bei Verlagerung der äußeren Kontur der Erdgasführung zum Zentrum hin der Wert l, nämlich der Abstand zwischen den Gas/Wasser-Kontakten des oberen und des unteren Lagers geringer ist als l_1 (= Abstand zwischen den Kontakten des oberen und des relativ niedrigeren Lagers), bei dem keine Konturverschiebung des unteren Lagers nach dem Zentrum hin zu beobachten gewesen war.

So ist die festgestellte Verringerung der Lagerflächen nach der Teufe zu in den produktiven Horizonten von Neokom—Apt und in verschiedenen Lagerstätten auch in den produktiven Schichten des oberen Juras, die ähnlich mächtige Deckschichten über dem oberen Lager und geringer mächtige Deckschichten über den tiefer liegenden produktiven Horizonten haben (Lagerstätten Akdshar, Schurtschi, Julduskak mit den Horizonten XV und XVI), dadurch hervorgerufen, daß sie sich infolge vertikaler Migrationsprozesse bildeten. Hierbei ermöglichte, wie oben gesagt wurde, die geringe Abschirmfähigkeit der tonigen Deckschichten über den unteren Horizonten nur eine unbedeutende Zunahme (KOSLOW 1959) der Höhe des unteren Lagers im Vergleich zum Niveau des Kontakts im oberen Lager. Infolgedessen trat auch die Verringerung der Fläche in den unteren Lagern auf.

Es ist interessant festzustellen, daß das untere Lager in Schichtpaketen, die ihren Abmessungen nach die geringste Bedeutung haben, in der Mehrzahl der Fälle um so kleiner wird, je tiefer es im Profil unter dem regionalen Haupthangenden liegt. Deshalb ist es in den Fällen, in denen das produktive Profil aus einigen Schichtpaketen oder Komplexen besteht, möglich, daß die unteren Lager (Abb. 1d, Lager VIII) des oberen oder mittleren Komplexes wegen ihrer unbedeutenden Abmessungen bei der Erkundung nicht entdeckt werden. Es kann die Meinung entstehen, daß im Mittelteil eines Kohlenwasserstoffe führenden Profils wasserführende Horizonte vorhanden sind. Es ist nicht ausgeschlossen, daß die in der Literatur angegebenen Fakten über die Existenz wasserführender Horizonte innerhalb mächtiger produktiver Profile in einigen Fällen gerade durch den spezifischen geologischen Bau der entsprechenden Lagerstätte erklärt werden können; dann nämlich, wenn eine stark ausgeprägte vertikale Umverteilung von Kohlenwasserstoffen die Bildung von Lagern mit unterschiedlichen Abmessungen ermöglichte.

Deshalb braucht nicht bewiesen zu werden, daß das Aufdecken von Gesetzmäßigkeiten bezüglich der Lage von Gas/Wasser-Kontakten und ihrer Ursachen in mehrschichtigen Lagerstätten sehr wichtig ist. Dies gilt besonders für Schichtpakete vom Typ Neokom—Apt, weil hier die Einengung der Gas/Wasser-Kontakte gewisse Schwierigkeiten mit sich bringt. Diese produktiven Pakete sind von mächtigen Deckschichten überlagert und bauen sich aus einer Wechsellagerung von Speicherschichten und relativ geringmächtigen tonigen Deckschichten auf. Infolge der unbedeutenden Mächtigkeit der tonigen Zwischenschichten unterscheidet sich die Lage der Gas/Wasser-Kontakte in benachbarten Horizonten nur wenig. Deshalb werden solche produktiven

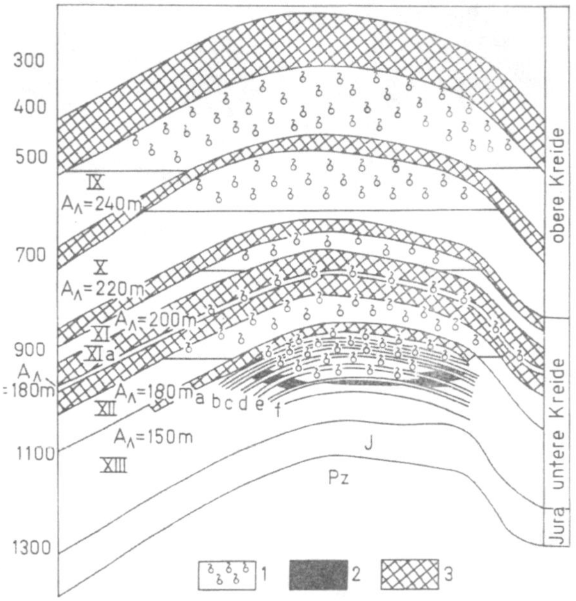

Abb. 2. Profil von Gasli

1 — Speicher, mit Gas gefüllt; 2 — Speicher, mit Erdöl gefüllt; 3 — tonige Deckschichten

IX—XIII_{a-f} — produktive Horizonte; rechts am Rand: Jura, Unterkreide, Oberkreide

Serien in einigen Fällen für einheitliche Reservoire mit gemeinsamem Gas/Wasser-Kontakt gehalten. Hierbei ist natürlich eine richtige Berechnung der Vorräte nicht möglich, weil bei großer Gesamtmächtigkeit eines solchen Pakets die Unterschiede, die in der Teufenlage der Kontakte von Lagern im oberen Teil und von Lagern im unteren Teil auftreten, erhebliche Werte annehmen können. So erreichen in Gasli diese Unterschiede insgesamt 76 m; für benachbarte Horizonte sind sie jedoch unbedeutend.

Aus allgemeinen Überlegungen heraus kann man annehmen, daß für Erdöllager in dieser Hinsicht dieselben Gesetzmäßigkeiten bestehen wie bei Erdgaslagern.

Auf Grund des Obendargelegten kann man schlußfolgern, daß tonige Deckschichten im Bildungsprozeß von mehrschichtigen Lagerstätten einen bestimmten Einfluß auf die Lage der Gas/Wasser- oder Gas/Öl-Kontakte ausüben. Demzufolge kann eine Analyse der Lageveränderungen der Kontakte eine vollständige Klärung der Frage nach den Bildungsbedingungen eines Lagers ermöglichen. Umgekehrt ermöglicht die Kenntnis der Bedingungen, unter denen die Entstehung von Lagern in bereits erschlossenen Lagerstätten eines bestimmten erdöl- und erdgasführenden Gebiets erfolgt, eine bestimmte Tendenz in der gegenseitigen Lage der Gas/Wasser- und der Gas/Öl-Kontakte in zu erkundenden Lagerstätten vorherzusagen.

Literatur

KOSLOW, A. L.: Bildung und Verteilung von Öl- und Gaslagern. — Gostoptechisdat (1959).

KUSCHNIROW, I. W.: Regionale Gesetzmäßigkeiten der Bildung von Erdöl- und Erdgaslagern innerhalb der Aufwölbungszone von Buchara. — Autoref. Diss., Taschkent 1965.

SAWTSCHENKO, W. P.: Bedingungen für die Bildung von Lagern von Erdgas und Erdöl bei deren gerichteter Migration in wassergesättigten Gesteinen. — Arb. WNII, Bd. 1, 4, Gostoptechisdat (1958).

STROGANOW, W. P.: Die Rolle toniger Dachschichten bei der Bildung von Gaslagern (am Beispiel der Lagerstätten der Amudarja-Senke). — Autorref. Diss. (1966).

Über die Grundlagen der genetischen Klassifikationen fossiler organischer Substanzen verschiedener Art

W. A. USPENSKI, UdSSR

Die Grundlagen aller genetischen Klassifikationen beruhen auf bestimmten Ansichten der Autoren über die Natur und die Bildungsart der Klassifikationsobjekte. Klare Vorstellungen führen zur Erzeugung von klar konstruierten Schemata; widerspruchsvolle Klassifikationen deuten auf widersprüchliche Auffassungen. Eine genetische Klassifikation darf nicht mechanisch aus Elementen verschiedener genetischer Schemata aufgebaut werden, wie es manchmal bei Brennstoffen der Fall ist. Fossile organische Stoffe mit prinzipiell unterschiedlichen Entstehungsgeschichten kann man nicht in eine gemeinsame genetische Klassifikation einreihen.

Nach ihrer Genesis sollen alle Arten dieser Stoffe in zwei scharf voneinander getrennte, umfangreiche, einander entgegenstehende Gruppen eingeteilt werden. Die eine umfaßt den umgebenden Gesteinen syngenetische Stoffe, die andere entspricht Migrationsprodukten.

Jede dieser Gruppen besitzt spezifische biographische Züge und ist durch typische paragenetische Assoziationen charakterisiert. Ihre Klassifikationsschemata beruhen auf prinzipiell verschiedenen Grundlagen.

Die Klassifikation organischer Stoffe der ersten Gruppe ist mit der Klassifikation der umgebenden Sedimente, mit denen sie ein faziell-genetisch einheitliches System bilden, eng verbunden. Die Stoffverteilung, Formen der Stoffe, die Zusammensetzung ihrer Gefügebestandteile und ihre chemische Struktur spiegeln die Hauptzüge des geochemischen Lebenskreises der Sedimente wider. Wir lernen allmählich, ihre Lebensgeschichte abzulesen, da Fragmente organischer Überreste vorliegen, deren kohlenpetrographische Untersuchung die Rekonstruktion dieser Entwicklung ermöglicht.

Typische Vertreter dieser Gruppe sind in den fossilen Kohlen zu finden. Ihre Verdünnung durch Mineralstoffe kann zwar einen gewissen Einfluß auf die organische Substanz ausüben (infolge unterschiedlicher Biozönosekomplexe der Mutterorganismen, unterschiedlicher diagenetischer Transformationsbedingungen usw.), doch bleibt die Einheitlichkeit ihres Wesens erhalten. Es entspricht den organischen Überresten, die mit den mineralischen Sedimenten zusammen fossilisiert wurden und mit ihnen eine unzertrennbare Verbindung bewahrt haben.

Die organischen Stoffe der zweiten Gruppe sind als Migrationsprodukte den sie enthaltenden Speichergesteinen faziell fremd. Deshalb hat auch ihre Klassifikation mit der der letzteren nichts zu tun. Zwar sind mannigfaltige wechselseitige Einwirkungen zwischen ihnen durchaus möglich, doch ist die Art ihrer Verhältnisse in diesem Falle gänzlich anders gestaltet.

Typische Vertreter dieser zweiten Gruppe sind Erdöle und ihre natürlichen Derivate. Eigentlich, wenn man von den wenig verbreiteten migrationsfähigen Stoffen vom Dopplerittypus absieht, entspricht die Gruppe insgesamt dem Begriff „Bitumina". Sie umfassen Objekte, deren Muttersubstanz hauptsächlich auf Kohlenwasserstoffe zurückzuführen ist, die durch einen hohen Grad von Migrationsfähigkeit (heute oder in der Vergangenheit) gekennzeichnet sind. Sie sind nur in sekundären Ablagerungen anzutreffen und enstanden durch Evolution der organischen Substanz in der Erdkruste.

Genetische Klassifikationskategorien sind durch scharfe Grenzen voneinander zu trennen. Daher darf man die Benennung „Bitumen" nicht auf Objekte, die außerhalb der obenskizzierten Sphäre liegen, übertragen. Sonst würde nämlich, da diese Sphäre die Gesamtheit aller Migrationsformen fossiler organischer Stoffe umfaßt, bei Ausdehnung dieser Benennung auf syngenetische Formen diese ihren Klassifikationssinn verlieren. Als besonders unglücklich ist die aus der analytischen Praxis stammende Bezeichnung der in organischen Lösungsmitteln löslichen Bestandteile fossiler organischer Stoffe als „Bitumina" (Torfbitumen, Kohlebitumen usw.) anzusehen. Diese Kategorie von Stoffen bedarf unbedingt einer speziellen Benennung (zum Beispiel „Bitumogene" für deren syngenetische Formen, USPENSKI & RADTSCHENKO 1952).[1]

Bitumogene als eine Fraktion der syngenetischen organischen Substanz dürfen nicht getrennt von letzterer klassifiziert werden. Als Grundlage der Klassifikationsschemata der syngenetischen organischen Substanz, einschließlich Bitumogene, sind ihre fazielle Charakteristik und der Grad ihrer Inkohlung anzusprechen.

Die Klassifikation der Bitumina ist ganz anders geartet. Hier treten Parameter in den Vordergrund, die einerseits den unterschiedlichen Typen der Bitumenvorkommen ihrer Herkunft nach (Bitumen- bzw. Erdöllagerstätten, aderförmige Vorkommen in Migrationskanälen, bitumenimprägnierte, den Erdölaustritten benachbarte Gesteine usw.) entsprechen, andererseits aber verschiedene Typen sekundärer Transformation der Bitumina in hypergenen Verwitterungsprozessen (aerob oder anaerob) oder durch katagene (metamorphe) Einwirkungen widerspiegeln.

So werden alle organischen Stoffe der Lithosphäre in zwei selbständige, voneinander unabhängige Reihen eingeteilt:

1. Kohlen, kohlige Gesteine, Brandschiefer und disperse organische Substanzen;

2. Erdöle samt deren Derivaten, zusammengefaßt unter der Benennung „Naphtide", und die den Naphtiden ana-

Eingang des Manuskripts in der Redaktion: 27. 3. 1969.
Die Redaktion stellt diesen Beitrag zur Diskussion.

[1]) Neuerdings wurde von N. B. WASSOJEWITSCH der Begriff „Bitumoid" eingeführt, der die bezeichnete Gruppe von Stoffen – syngenetischer sowie epigenetischer Art – umfaßt. Dem rein analytischen Sinn dieses Begriffs gemäß entspricht er nur dem Extrakt, nicht aber dem natürlichen System von bituminösen Körpern, das gasförmige und leichtflüchtige Bestandteile der organischen Substanz einschließt, die beim Abdampfen des Lösungsmittels verlorengehen, wie es bei dem Begriff „Bitumogen" der Fall ist.

logen Bitumina pyrogener Genesis aus kontaktmetamorphen Prozessen. Diese Gruppe wird als „Naphtoide" bezeichnet.

Die Klassifikationsschemata der organischen Stoffe aller syngetischen Typen werden nach der Kohlenklassifikation gebildet. Freilich entspricht diese nicht dem Klassifikationsaufbau dieser Reihe in ihrem vollen Umfang, da Humuskohlen faziell nur humiden Kontinentalformationen entsprechen, während disperse organische Stoffe ein viel breiteres Spektrum umfassen, das sowohl kontinentale als auch marine Formationen einschließt.

Die Klassifikation der Kohlen ist zweidimensional:

a) Auf Grund der faziellen Typen schließt sie rein humose bis rein sapropelitische Varietäten, eine Reihe von Übergangsgliedern, auch mannigfaltige Abzweigungen unterschiedlicher Diageneseverhältnisse ein. Es dürfen zum Beispiel Serien der Humite, die sich von Fusiniten und Xyleniten bis zu strukturlosen Vitriniten erstrecken, ferner Bogheads, Saprokollite usw. für Sapropelkohlen genannt werden. Variationen in den quantitativen Verhältnissen der Hauptmikrokomponenten erlauben eine Differenzierung der Kohlen in einer Reihe von Klassen, die auf ihre Entstehungsbedingungen hinweisen.

b) Der Inkohlungsgrad der organischen Substanz in der katagenen Zone, von Torfen über Braun- und Steinkohlen bis zum Anthrazit, wo sich die organische Substanz der beginnenden Graphitisierung nähert, weist in die andere Dimension. Die Inkohlungsreihe der Humite ist in ihrem ganzen Bereich gründlich untersucht. Was die Sapropelite anbetrifft, so sind nur Varietäten bekannt, die nicht höher als die niedersten Stufen der Steinkohlen inkohlt sind. Das ist anscheinend auf ein spezifisches Verhalten der sapropelischen Substanz im Laufe der Inkohlung zurückzuführen.

Man darf hier auf die Darlegung von Kohlenklassifikationsschemata verzichten, da sie allgemein bekannt sind. Es soll nur noch einmal betont werden, daß die Einbeziehung von dispersen organischen Stoffen zu einem weitaus umfangreicheren und komplizierteren Klassifikationsspektrum führen wird. Die Struktur eines solchen Schemas in seiner endgültigen Form soll wenigstens dreidimensional sein und auf dem Ausgangsstoff, seiner diagenetischen Transformation und seiner katagenen Inkohlung beruhen. Nach unseren heutigen Kenntnissen zeichnet sich die disperse organische Substanz durch einen hohen Gehalt an sorbierten Stoffen, die in den Kohlen kaum vorkommen, auch durch eine tiefergreifende Einwirkung der diagenetischen Vorgänge auf die Gefügebestandteile aus. Unter spezifischen faziellen Bedingungen kommen auch bedeutende Mengen von Stoffen vor, die den Kohlen gänzlich fremd sind, beispielsweise Chitin tierischer Herkunft.

Die Grundlagen der Bitumenklassifikation bedürfen einer eingehenden Betrachtung, da es bisher kein allgemeingültiges Schema gibt und da gewisse Mißgriffe der ehemals weitverbreiteten Klassifikation von H. ABRAHAM heute noch einen gewissen Nachklang haben. Der wesentlichste Fehler dieses Schemas besteht in der Einbeziehung von Kohlen, Torfen und allerlei, aus Brennstoffen gewonnenen technischen Produkten (Teere, Pech usw.). „Bitumina" werden auch Naturstoffe genannt, die sich vollständig in Schwefelkohlenstoff lösen; unlösliche oder teilweise lösliche Stoffe werden unter der Bezeichnung „Pyrobitumina" vereinigt, die weiter in asphaltische (höhere Erdölderivate) und nichtasphaltische (Torfe, Kohlen usw.) eingeteilt werden. Dieses Schema ist sowohl terminologisch als auch dem Sinne nach unannehmbar. Es vereinigt syngenetische Stoffe mit Migrationsprodukten in einem gemeinsamen System und fügt auf diese Weise genetisch fremde Stoffe (nämlich die zwei Gruppen der Pyrobitumina) zueinander, während verwandte Stoffe (die Reihe der Erdölderivate) wegen unterschiedlicher Löslichkeitsverhältnisse getrennt werden. Die Benennung „Bitumen", wenn auch mit der Vorsilbe „Pyro-", darf gewiß nicht auf Torfe und Kohlen ausgedehnt werden.

Bei strenger Einhaltung genetischer Grundlagen soll die Klassifikation der Bituma auf der Einteilung verschiedenartiger Typen der Migrationssysteme fußen. Der Gruppierung nach chemischen Eigenschaften, die in jedem dieser Systeme spezifische Eigentümlichkeiten besitzen sollen, darf nur eine untergeordnete Rolle zukommen.

Es kommen folgende Hauptkategorien von Bitumina der Erdölreihe (der Naphtide) in Betracht:

a) Die Bitumenkategorie. Sie entspricht dem System Erdöl—Speichergestein vom Moment der Lagerstättenbildung an über eine Reihe von aufeinanderfolgenden Stadien im Verlauf des Aufstiegs in die Hypergenzone bis zur völligen Erosion der bitumenführenden Schichten. Diese genetische Linie spiegelt die Verwitterungstransformation der Erdöle in der Lagerstätte wider. Sie umfaßt Erdgase, Erdöle, Malten, Asphalte, Asphaltite, Oxykerite und als letztes Glied der Reihe Huminokerite. Oxykerite werden die nächsten Produkte der Verwitterung von Asphaltiten genannt, die durch teilweisen Verlust der Löslichkeit in Chloroform gekennzeichnet werden. Huminokerite lösen sich in wäßrigen Laugen.

b) Die Kategorie der gangförmigen Bitumina. Ihre Bildung beruht auf einer natürlichen Entlastung der Erdöllagerstätte durch tektonisch entstandene Risse. Dieser genetischen Linie können sowohl Ozokerite als auch Bitumina der Asphaltreihe (Asphalte, Asphaltite, Kerite, Anthraxolite), je nach dem Typus des Muttererdöls, angehören.

c) Die Bitumina an Ausbissen der Erdöls. Diese Kategorie umfaßt eine umfangreiche Reihe von Bitumina, je nach dem Ausgangstyp des Erdöls und dem Grad der Verwitterung der neugebildeten Bitumenlagerstätte. Die Glieder dieser Reihe, in der UdSSR „Kire" genannt, umfassen dieselben Formen, die in der Verwitterungsreihe (mit Malten anfangend und mit Huminokeriten endend) figurieren.

d) Die Kategorie der Filtrationsprodukte. Sie entstehen bei der Verlagerung von Erdöllagerstätten in andere Horizonte. Diese Reihe wie auch die vorhergehende hat eine bidimensionale Struktur, die mit dem Typ des Muttererdöls und den Absorptionsbedingungen zusammenhängt.

e) Die Kategorie der metamorphischen Linie. Sie entspricht der Bitumentransformation beim Absinken der Lagerstätten in größere Tiefen. Diese Linie der Bitumogenese besitzt einen komplizierten Charakter; denn neben der Metamorphose des Bitumens ist hier auch mit einer nachträglichen Neubildung von migrationsfähigen bituminösen Stoffen zu rechnen.

Zeitschrift für angewandte Geologie, Bd. 15 (1969), Heft 11

Außer den Naphtiden gibt es noch eine ihnen der äußeren Erscheinung nach analoge umfangreiche Reihe von Bitumina — der Naphtoide. Sie werden durch thermische Destruktion der organischen Substanz durch Kontaktmetamorphose gebildet. Die Klassifikation der Naphtoide ist heutzutage noch durchaus ungenügend, doch läßt es sich ahnen, daß sie vielseitiger und komplizierter sein wird als diejenige der Naphtide.

Die Naphtoide werden in drei Gruppen eingeteilt: a) undifferenzierte Varietäten — α-Naphtoide, den Naphtiden der Asphaltreihe analog; b) raffinierte harzarme β-Naphtoide, paraffinische Bitumina (Paraffinite) vom Typus der Hatschettite und der Chrysmatite, einschließlich der ungesättigten Bitumina (Olefinite); erstere sind den Ozokeriten analog, während den letzteren keine verwandten Glieder in der Naphtidenreihe entsprechen; c) raffiniertere hochkondensierte aromatische Kohlenwasserstoffe — γ-Naphtoide oder Kertisitide genannt, denen gleichfalls analoge Erscheinungen in der Gruppe der Naphtide fehlen.

Es ist noch hinzuzufügen, daß die höchstmetamorphosierten Glieder der Asphaltbitumina, nämlich die Anthraxolite, heutzutage einwandfrei nur in der Naphtoidenreihe festgestellt sind; ihr Auftreten in der Naphtidenserie ist prinzipiell durchaus denkbar.

Das Klassifikationsspektrum der Bitumina ist im ganzen durch Kompliziertheit und eine stärker als bei den syngenetischen Formen ausgeprägte Heterogenität gekennzeichnet.

Literatur

USPENSKI, W. A., O. A. RADTSCHENKO, E. A. GLEBOWSKAJA u. a.: Über die wichtigsten Richtungen der Bitumentransformationen in der Natur und ihre genetische Klassifikation. — Trudy WNIGRI, Bd. 185 (1961).

— Die Grundlagen der genetischen Klassifikation der Bitumina. — Trudy WNIGRI, Bd. 230 (1964).

Die Genese hydrothermaler Gänge und das Problem der Herkunft ihres mineralischen Stoffbestands

WLADIMIR FJODOROWITSCH BARABANOW, Leningrad

Das unablässig wachsende Interesse an der Genese hydrothermaler Gänge ist durch ihre außerordentlich große praktische Bedeutung bedingt. Es ist bekannt, daß z. Zt. aus den hydrothermalen Gängen die Hauptmasse an Zinn, Wolfram, Molybdän, Wismut, Arsen, Kupfer, Nickel, Kobalt, Blei, Zink, Silber, Antimon und Quecksilber gewonnen wird. Aus den hydrothermalen Lagerstätten der Welt (ohne UdSSR) wurden 1965 mehr als 1200 t Gold und mehr als 18000 t Uran gefördert (Mineral Trade Notes 1966). Unter den vielen Fragen, die die Genese der hydrothermalen Gänge berühren, kann man in den letzten Jahren ein Anwachsen des Interesses am Problem der Herkunft des mineralischen Stoffbestands beobachten, was große wissenschaftliche und praktische Bedeutung besitzt. In Abhängigkeit davon, was als Stofflieferant der Gänge angesehen wird — die oberen Schichten des Mantels, spezialisierte erzführende Intrusionen, ein beliebiges Magma und seine Derivate oder alle Gesteine, aus denen die Erdrinde besteht —, werden viele Fragen der Genese hydrothermaler Lagerstätten, wie der Rolle des Ausfällungsmilieus, der Natur der mineralbildenden Lösungen, der Migrationsform von Komponenten in ihnen, der Zeit und des Raums der Entstehung dieser Lösungen, der Ursachen ihrer Zirkulation u. ä., geklärt.

Im letzten Jahrzehnt vollzog sich eine tiefgreifende Änderung der Ansichten über die Herkunft der mineralischen Stoffe in den hydrothermalen Gängen. Nicht wenige genetische Konzeptionen, die sich in ihrem Erkenntniswert erschöpft hatten, wurden von anderen, lebensfähigeren abgelöst. Unabhängig davon stehen sich nach wie vor zwei extreme Standpunkte hinsichtlich der Grundzüge des Problems gegenüber: die Konzeption der Herkunft von Erz- und anderen Komponenten aus hypothetischen „juvenilen" Herden und die Konzeption der Umverteilung der Mineralstoffe der Gesteine der Erdrinde durch hydrothermale Lösungen unterschiedlicher Genese. Im folgenden sollen diese beiden Standpunkte, wie das schon W. I. WERNADSKIJ (1923) tat, entsprechend als konkretionärer und metasomatischer bezeichnet werden.

Vor etwa 125 Jahren formulierte der Franzose ELIE DE BEAUMONT (1847) seine Vorstellungen über die hydrothermale Mineralbildung, nach der die juvenilen Lösungen, durch das Magma entstanden, alle Erzkomponenten aus dem magmatischen Herd heraustragen und diese dann in den Gesteinsklüften, auf denen sie zirkulieren, ablagern. Die Erzbildung stellt somit nach BEAUMONT einen konkretionären Prozeß der Ablagerung magmatogener Komponenten in Gangklüften dar.

Zehn Jahre danach äußerte im Gegensatz zu den Ansichten ELIE DE BEAUMONTs der Däne FORCHHAMMER die Idee, daß als Quelle der Metalle in den Gängen die Gesteine der oberen Erdzone anzusehen seien. Die vadosen Wässer, die diese Gesteine zerstören und auslaugen, führen aus ihnen die Metalle fort und lagern sie in Gängen ab. Somit war FORCHHAMMER einer der ersten, der versuchte, die Gangmineralbildungen durch metasomatische Prozesse der Stoffumverteilung von Gesteinen zu erklären.

Indem er die Ideen von FORCHHAMMER weiterentwickelte, zeigte der Deutsche F. SANDBERGER (1885), daß das Meteorwasser tatsächlich in der Lage ist, eine bedeutsame Menge verschiedener Metalle aus gesteinsbildenden Glimmern und Amphibolen auszulaugen und sie in Gängen auszufällen.

Seit der Veröffentlichung der Arbeiten SANDBERGERs sind über 80 Jahre vergangen. Jedoch kämpfen die beiden obengenannten Konzeptionen, wenn auch in abgewandelter Form, jetzt noch gegeneinander. Als am weitesten voneinander entfernt sind heute die Vorstellungen a) über den pulsierenden unterbrochenen Aufstieg der mineralischen (und Erz-) Stoffe aus dem magmatischen Herd in die Gänge (S. I. TALDYKIN 1959, A. D. SCHTSCHEGLOW 1959, D. O. ONTOJEW 1962, L. P. JERMILOWA 1964, E. A. RADKEWITSCH 1966) und b) die Hypothese der überholenden Welle saurer Komponenten im Strom der postmagmatischen Lösungen (D. S. KORSHINSKIJ 1966) zu nennen.

Welche der beiden Komponenten entspricht nun mehr dem Faktenmaterial und dem Stand der modernen Erkenntnisse?

Aus: Westnik Leningradskogo Universiteta, geologija i geografija, 23, 24, wyp. 4, S. 1–16 (1968).

Als Vortrag, gehalten auf dem Berg- und Hüttenmännischen Tag 1969 in Freiberg (Sachs.).

Übers.: G. TZSCHORN, ZGJ, Berlin.

Zur Beantwortung dieser Frage sei gesagt, daß die traditionelle Ansicht, alle Erzkomponenten aus dem magmatischen Herd stammen zu lassen, im allgemeinen nicht auf Experimente und Beobachtungen, sondern in einem tiefen Glauben an die Realität einer der hypothetischen Wege der Entwicklung des Magmas begründet ist (siehe das Schema von VOGT — NIGGLI — BOUWEN — FERSMAN — NIKOLAJEW). Diese Variante sieht, wie bekannt, ein geschlossenes System der magmatogenen Mineralbildung und das Fehlen eines Einflusses des umgebenden Milieus, mit Ausnahme des Wärmeaustausches, vor.

In einer anderen, progressiveren, jedoch ebenfalls hypothetischen Variante der Magmaerstarrung von SAWARIZKIJ und KORSHINSKIJ bedeutete die Anerkennung eines offenen Systems die Anerkennung der wichtigen Rolle der Nebengesteine. Die erarbeiteten Methoden zur Untersuchung der Nebengesteinsveränderungen (D. S. KORSHINSKIJ 1946, 1953; N. I. NAKOWNIK 1949, 1958; W. F. BARABANOW 1961, 1965; W. A. RUDNIK 1962, 1965, 1966; I. P. ROMANOWITSCH 1961, 1964, 1966; JU. W. KASIZYN 1966a, b; R. G. GRESENS 1967; J. AKELLA 1966; W. G. BOGOLEPOW 1967) gestatteten, äußerst wertvolle und objektive Informationen über die Quelle der mineralischen Stoffe in den Erzkörpern und Gängen zu erhalten.

Die Vorstellungen über ein „geschlossenes" System der Mineralbildung haben große Verbreitung nur unter den Geologen gefunden, die die Nebengesteinsveränderungen ungenügend untersuchten und gewöhnlich auch nicht die Fakten berücksichtigten, die durch andere gewonnen wurden. Nur damit können Behauptungen erklärt werden, wonach z. B. die Apatitlagerstätten der Chibinen oder die Kupfer–Nickel-Lagerstätten von Montsche aus dem Grunde typische magmatische Lagerstätten seien, weil in ihnen die Prozesse der hydrothermalen Metasomatose „schwach entwickelt sind" (W. K. KOTULSKIJ 1948, M. N. GODLEWSKIJ 1961, T. N. IWANOWA 1963, 1965).

Der Einfluß der Nebengesteine auf die postmagmatische Mineralbildung äußert sich in der Änderung a) der thermodynamischen Eigenschaften (t, p, c, pH) der mineralbildenden Lösungen; b) der chemischen Zusammensetzung der Lösungen infolge 1) der chemischen Reaktion der Komponenten der Lösung mit den Mineralen der Nebengesteine, 2) der Öffnung von Klüften und der Entgasung von mineralbildenden Lösungen, 3) des Auftretens eines Filtrationseffekts, 4) des Zerfalls von Komplexverbindungen, c) in der Aufnahme von einzelnen Atomen, Komponenten, Mineralen oder ihnen gleichzusetzenden Verbindungen aus den Nebengesteinen. All das führt zu einer Umverteilung der Stoffe eines bestimmten Gebiets der Erdrinde (W. F. BARABANOW 1967).

Nebengesteine und mineralbildende Lösungen

Dem Einfluß der Nebengesteine auf die Veränderung der physikalisch-chemischen Eigenschaften und der Zusammensetzung der mineralbildenden Lösungen ist eine umfangreiche Literatur gewidmet (W. F. BARABANOW 1967b; L. GRAYTON 1946; A. G. BETECHTIN 1955; D. S. KORSHINSKIJ 1957, 1964; L. N. OWTSCHINNIKOW 1967; O. F. USCHAKOW 1967; M. M. WASILEWSKIJ 1968).

Diese Frage wurde hinsichtlich der Greisenlagerstätten z. T. auch vom Verf. behandelt (W. F. BARABANOW 1961). In Übereinstimmung mit der Thematik des vorliegenden Artikels soll in stärkerem Maße die Frage über die Nebengesteine als Quelle der mineralischen Stoffe in den Gängen behandelt werden. Es erscheint am günstigsten, mit den dem Verf. am besten bekannten Greisenlagerstätten zu beginnen.

Die Greisenlagerstätten Transbaikaliens, von Primorje, Kasachstans, des Urals, Sachsens und Cornwalls besitzen eine erstaunliche Gleichförmigkeit des Mineralaufbaus der Gänge und der sie begleitenden Greisen. Im wesentlichen findet man alle Minerale der Selten-Metall-Gänge dieser Lagerstätten — Serizit, Gilbertit, Fluorit, Scheelit, Kalzit, Albit, Quarz, Mikroklin, Apatit, Ankerit, Pyrit, Kassiterit und Wolframit — in den sie begleitenden gangnahen Greisen wieder. Mehr noch, Untersuchungen bewiesen (W. F. BARABANOW 1961, 1965), daß der Prozeß der gangnahen Vergreisenung ein Prozeß der Aufnahme von Atomen, Atomkomplexen und ganzen Mineralmolekülen, aus denen sich die Minerale der Gänge bilden, aus den Nebengesteinen ist. So bildet sich z. B. auf Kosten des Kalziums der gesteinsbildenden Plagioklase Apatit, Scheelit, Fluorit und Kalzit. Der Alumosilikatteil des Anorthits wird zur Bildung der Hellglimmer verwendet. Das Eisen und Mangan der gesteinsbildenden Amphibole und des Biotits wird durch das Wolframanhydrit in der Form von Wolframit gebunden oder fällt in der Form von Pyrit, Sphalerit, Triplit, Ankerit, Rodochrosit und anderen Mineralen aus. Die Feldspäte der Gänge stellen umgelagerte gesteinsbildende Mikrokline und Albit usw. dar. Es sind Fälle einer direkten Abhängigkeit der Zusammensetzung von Mikrogängen in den Greisen mit Mineralen, die von diesen Trümern durchsetzt werden, bekannt (W. F. BARABANOW 1967b).

Als gutes Beispiel der Abhängigkeit zwischen der Mineralzusammensetzung hydrothermaler Gänge und dem Aufbau der Nebengesteine können die Apophyllitgänge der Chibinen (W. F. BARABANOW 1960) dienen. Diese Gänge, die in Ägirin — Hornblende — Nephelinsyeniten liegen, bestehen aus Mineralen, die sich infolge einer tiefgreifenden metasomatischen Umbildung solcher gesteinsbildenden Minerale, wie des Nephelins, Lepidomelans, Sphens und akzessorischen Rinkolits, gebildet haben oder auch durch eine direkte Umlagerung anderer gesteinsbildender Minerale — Mikroklins, Eudyalits, Ägirins, Apatits — entstanden sind. Auf Kosten der ersteren wurden Cankrinit, Sodalit, Natrolit, Lamprophyllit, Apophyllit, Opal, Fluorit, Kalzit und Wudjawrit, auf Kosten der letzteren Albit, Adular, Eukolit, Nadelägirin und idiomorpher Apatit gebildet.

Vulkanismus und Erzbildung

Leider treten Fälle so deutlicher Abhängigkeiten der Mineralzusammensetzung der Gänge von der Mineralzusammensetzung der Nebengesteine nicht sehr oft auf. Häufiger verfügen wir lediglich über Angaben, die von einer Gemeinsamkeit oder Ähnlichkeit des Chemismus der Gangkörper und der gangnahen Gesteine zeugen. In diesem Falle wird die Verwandtschaft (oder Ähnlichkeit) der chemischen Zusammensetzung der Gangminerale und der Minerale der Nebengesteine gewöhnlich dadurch erklärt, daß auf die einen und auch auf die anderen magmatogene hydrothermale Lösungen einwirkten, die sowohl in die Gänge als auch in die Nebengesteine die gleichen Erzkomponenten aus dem magmatischen Herd heranführten.

Eine solche Erklärung ist noch äußerst weit verbreitet. Jedoch wiederholt diese, wie bereits oben bemerkt, lediglich die alte Ansicht von ELIE DE BEAUMONT, daß die hydrothermale Mineralbildung ein Prozeß der Entlastung fluider Lösungen sei, die alle notwendigen Komponenten aus dem Magma zugeführt hätten. Wenn das so wäre, müßte man in Gebieten mit aktivem Vulkanismus eine besonders große Verbreitung von hydrothermalen Lagerstätten seltener Metalle erwarten können. Wie jedoch bekannt ist, fehlen hier diese Lagerstätten, und der zu beobachtende Charakter der Nebengesteinsveränderungen weist bei vulkanogenen Prozessen (Bildung von Sekundärquarziten, Propylitisierung, Argillisierung, Alunitisierung u. a.) eher auf eine Abfuhr der Erzstoffe aus den Gesteinen als auf ihre Zufuhr hin (M. M. WASILEWSKIJ 1968).

Eine detaillierte Untersuchung von Gebieten rezenten Vulkanismus (S. I. NABOKO 1963) zeigt, daß die traditionellen Vorstellungen über die vulkanogenen Emanationen als Quelle von Erzkomponenten (E. M. LASKO 1951 u. a.) nicht der Wirklichkeit entsprechen.

„In dem trockenen Kondensatrückstand vulkanischer Gase, die 1% vom Gewicht des kondensierten Wassers nicht überschreiten", schreibt S. I. NABOKO, „sind die Erzmetalle in Mengen vorhanden, die nur unbedeutend den CLARKE-Gehalt überschreiten. Wenn man ihren Gehalt auf den gesamten flüchtigen Anteil bezieht, einschließlich des Wasserdampfes und der Kohlensäure, so zeigt sich, daß im Flüchtigen einige Elemente in bedeutend geringeren Mengen, als dem CLARKE entsprechen würde, vorhanden sind" (E. M. NABOKO 1963, S. 134—135).

Was stellen in diesem Falle nun die vulkanischen Exhalationen dar, was führen sie mit sich, woraus bestehen sie?

In der obenzitierten zusammenfassenden Arbeit von S. I. NABOKO (1963) wird gesagt: „Nach zahlreichen Analysen von Fumarolengasen aus allen Stadien der Aktivität von Vulkanen und der Erstarrung von Lavamassen, die im Ergebnis von Ausbrüchen auf die Erdoberfläche gelangten, zu urteilen, enthält das Magma eine bedeutende Menge an flüchtigen Bestandteilen, die nicht weniger als 2 Gew.-%, bezogen auf das Magma, betragen. Unabhängig von der Zusammensetzung des Magmas sind in ihm die gleichen flüchtigen Komponenten enthalten: H, Cl, F, S, C, Bor-, Arsen- und andere Verbindungen, die in den vulkanogenen Gasen in Molekularform festgestellt wurden, wie H_2O, H_2, SO_2, SO_3, COS, CO, NH_4Cl, HCl, HF, Bor- und Arsensäuren, Chloride und Sulfate von Metallen. Dabei stellen die Wasserdämpfe die Hauptkomponente der vulkanischen Gase in einer paraximalen und lang andauernden postvulkanischen Periode dar" (S. 128, Unterstreichungen von BARABANOW).

Wenn die aus der Lava (Magma?) entweichenden flüchtigen Bestandteile keine Metalle führen und die hydrothermalen Lösungen, die die Erzlagerstätten bilden, mit ihnen angereichert sind, so muß man zulassen, daß die Anreicherung der mineralbildenden Lösungen mit Erzkomponenten während der Zeit ihrer Bewegung durch die Gesteine erfolgt, aus denen sie somit extrahiert werden können.

In Verbindung damit taucht die Frage auf, ob in den normalen magmatischen und sedimentären Gesteinen auch wirklich eine ausreichende Menge von Erz- und seltenen Elementen enthalten ist. In welcher Form befinden sich diese Elemente in den Gesteinen? Welche Beweise können angeführt werden, daß die Erzelemente von den hydrothermalen Lösungen aus den Nebengesteinen extrahiert werden?

Die Nebengesteine und die potentiellen Erzlieferanten

Überschlägliche grobe Berechnungen zeigen, daß unter Zugrundelegung der gegenwärtig bekannten CLARKE-Werte der chemischen Elemente der Erdrinde (B. MASON 1958) in jedem Kubikkilometer Gestein, aus denen die Erdrinde besteht, einige tausend Tonnen Thallium, Europium, Helium, Zäsium, Molybdän, Wolfram, Tantal, Uran, Arsen, Beryllium, Germanium, Brom, Erbium, Ytterbium, Bor, Zinn, Dysprosium, Hafnium, Skandium, Praseodym, Gadolinium, Samarium, einige zehntausend Tonnen Thorium, Gallium, Blei, Lanthan, Kobalt, Niob, Neodym, Lithium, mehr als hunderttausend Tonnen Yttrium, Kupfer, Cerium, Zink, Nickel und einige hunderttausend und mehr Tonnen Vanadium, Rubidium, Zirkonium, Chrom, Barium und anderer weitverbreiteter Elemente enthalten sind.

Wenn man bedenkt, daß die reichste Lagerstätte der Türkei 1966 etwa nur 412000 t Chromit (A. T. GRAHAM 1967) und die bekannten Bergwerke Kanadas 1965 233000 t Nickel (R. PRATT 1966) und 1967 507000 t Kupfer (A. G. CHARLES 1967) lieferten, daß der andere große Erzlieferant der kapitalistischen Welt — Australien — 1965 224000 t Zirkon (J. WARD 1966) und 1966 369000 t Blei und 342000 t Zink (R. L. STUBBS & A. R. L. CHILVERS 1967) auf dem Weltmarkt angeboten hat, so ergibt sich, daß die genannten Länder in den angeführten Jahren nur einen geringen Teil dessen gewonnen haben, was in zwei bis drei Kubikkilometern magmatischen Gesteins mittlerer Zusammensetzung an Metallmenge enthalten ist.

Was nun solche Elemente wie Vanadium betrifft, so gewinnt die gesamte kapitalistische Restwelt im Jahr nur etwa 10000 t (J. D. SERRE 1967), d. h. einen Bruchteil dessen, was in einem Kubikkilometer Gestein der Erdrinde enthalten ist.

Der Rauminhalt der Erdrinde ohne Hydrosphäre beträgt nach neuesten Berechnungen von M. M. JERMOLAJEW (1967) für die Sedimentgesteine (Schicht alpha) $1156{,}78 \cdot 10^6\ km^3$, für granitische Gesteine (Schicht gamma) $3311{,}21 \cdot 10^6\ km^3$ und für basaltoide Gesteine (Schicht beta) $6041{,}85 \cdot 10^5\ km^3$. Der Gesamtrauminhalt der Erdrinde mitsamt Hydrosphäre (deren Inhalt beträgt $1349{,}90 \cdot 10^6\ km^3$) umfaßt $11859{,}74 \times 10^6\ km^3$. Man kann aus den angeführten Zahlenwerten ohne weiteres entnehmen, welche Massen an Erzelementen und Elementen seltener Metalle der Erdrinde sich bei den verschiedenen Arten geologischer Prozesse umverteilen (konzentrieren oder dispergieren) können.

In welcher Form befinden sich nun die Elemente seltener Metalle und die der gewöhnlichen Erze in den Gesteinen?

Die Verteilung der seltenen Elemente in den Mineralen der magmatischen Gesteine wird bekanntlich durch viele Faktoren beeinflußt, so durch die Kristallisationsbedingungen, durch die Eigenschaften der Elemente selbst, durch die Erscheinungen des Isomorphismus, der kristallochemischen Struktur der Minerale, die Bindungsart usw. Im Ergebnis dessen werden die einen (Lithium, Rubidium, Zäsium, Beryllium, Strontium, Barium, Skandium, Gallium, Germanium) gewöhnlich in der Form isomorpher Beimengungen in die gesteinsbildenden Minerale eingebaut, andere (Yttrium, Zirkonium, Hafnium, Niob, Tantal, Thorium, Seltene Erden) bilden häufig selbständige akzessorische Minerale oder gehen ebenfalls in der Form isomorpher Beimengungen in die gleichen gesteinsbildenden Minerale ein (L. W. TAUSON 1960).

Die Erzelemente (Blei, Zink, Molybdän, Kadmium, Silber, Wolfram, Zinn, Uran) können sich nach L. W. TAUSON (1960) außerdem in Form einer molekularen Dispergierung befinden und als Mikroausscheidungen der entsprechenden Erze auftreten. Diese Ausfällungsformen können in den Gesteinen die gleiche wichtige Rolle spielen wie auch ihr isomorphes Auftreten.

Bei der Kristallisation granitoider Magmen werden z. B. Blei und Zink, die isomorph entsprechend Kalium und Magnesium verdrängen, in den Feldspäten (Blei), im Biotit und in der Hornblende (Zink) konzentriert. Ein bedeutender Teil dieser Elemente ist kristallochemisch unabhängig von den gesteinsbildenden und akzessorischen Mineralen. Als die im weiteren Verlaufe am leichtesten auslaugbaren Elemente gehen sie bei der Einwirkung von Hydrothermen auf Granite recht leicht in Lösung über.

Nach den Berechnungen von L. W. TAUSON (1960) enthalten unveränderte Granitoide vieler Gebiete 15 bis 25 g/t Blei, 2,5 — 4,5 g/t Uran, 0,5—1,5 g/t Molybdän, 14—19 g/t Callium, 170—230 g/t Rubidium usw. Somit ist jede beliebige granitoide Intrusion potentiell erzführend. Und viele Erzanzeichen in diesen Gesteinen stellen anscheinend nichts anderes als eine Realisierung des Prozesses der Befreiung von Atomen der Erz-, seltenen und dispergierten Elemente aus den gesteinsbildenden Mineralen und ihre Neuumverteilung in neuen Mineralphasen unter Einwirkung hydrothermaler mineralbildender Lösungen dar (W. F. BARABANOW 1967b).

Was für Beweise sind nun dafür vorhanden, daß die Mineralkomponenten gerade aus den Nebengesteinen stammen (ausgelaugt werden?). In den letzten zwanzig Jahren ist eine umfangreiche Literatur erschienen, in der ein gewaltiges Faktenmaterial enthalten ist. Dieses zeugt davon, daß die Mineralzusammensetzung postmagmatischer Erzkörper — von Pegmatiten, Skarnen, hydrothermalen Gängen, kristallführenden Gängen, Karbonatiten und anderen Bildungen — in hohem Maße von der Zusammensetzung der Nebengesteine abhängt.

Hinsichtlich der Pegmatite haben auf diese Abhängigkeit W. D. NIKITIN (1955, 1960), A. I. GINSBURG (1960), A. S. NAZAROWA, G. G. RODIONOW & I. N. TIMOFEJEW (1960), E. D. BELJANKINA (1951), W. A. LEONOWA (1965), I. K. KARPOW & E. N. ANTIPOWA (1965), W. S. SMIRNOWA (1966) u. a. hingewiesen.

In Skarn- und kontaktmetasomatischen Bildungen wurde die entscheidende Rolle der Nebengesteine durch D. S. KORSHINSKIJ (1947, 1957), S. M. KURBATOW (1934, 1944, 1946), A. B. WISTELIUS (1940), L. L. SOLODOWNIKOWA (1944, 1957, 1964), W. F. BARABANOW (1954), W. A. RUDNIK (1961), W. A. SHARIKOW (1966) u. a. aufgezeigt.

In den hydrothermalen Lagerstätten ist die gewaltige Rolle der Nebengesteine in den Arbeiten von K. N. OSJOROW (1949), W. L. LEBEDJEW (1950a, 1950b), T. S. LOWERING (1951), A. S. WELIKIJ (1952), N. I. CHITAROW (1953), T. W. IWANIZKIJ (1953), JA. D. GOTMAN (1953), D. S. KORSHINSKIJ (1957), R. L. BOYL (1955), A. E. KARJAKIN (1955, 1958), P. W. POKROWSKIJ (1954), P. W. POKROWSKIJ & S. P. JEREMEJEW (1967), T. N. CHRENOW (1955), N. D. USCHAKOW, M. D. TROJANOW & N. W. LIZENMAJER (1956), S. N. WENEDIKTOW (1958), G. N. SCHWARTZ (1959), W. F. BARABANOW (1961, 1965), G. W. IZIKSON (1963), A. A. BEUS (1965), I. O. ROMANOWITSCH (1958), S. T. BADALOW (1966), M. SOLOMON (1966), N. I. ANDRUSENKO & A. A. MOSKALJUK (1966), G. TERSIJEW (1966), G. A. SARKISJAN (1966) u. a. gezeigt worden.

Die Rolle der Nebengesteine bei der Bildung von Karbonatiten ist in den Arbeiten von L. S. BORODIN (1957, 1958), A. S. SERGEJEW (1962, 1964), G. W. IZIKSON (1954), A. S. KIRILLOW (1964), A. A. KUCHARENKO (1966), A. G. BULACH (1967) u. a. beleuchtet worden.

Alle diese Arbeiten bestätigen in diesem oder jenem Maße einen nicht widerlegbaren Fakt: Eine der wichtigsten Quellen des mineralischen Stoffes in den postmagmatischen Bildungen sind die Nebengesteine. Diese Schlußfolgerung wurde jedoch nicht auf jene Erzkomponenten erweitert, als deren Quelle ständig fast einstimmig juvenile hydrothermale Lösungen angesehen wurden.

Beispiele

In neuester Zeit gewann die Vorstellung über die Rolle der Nebengesteine eine Weiterentwicklung. Detaillierte Untersuchungen, die in verschiedenen Ländern durchgeführt wurden, zeigten, daß die Erzkomponenten vieler Zinn-, Gold-, Blei-Zink- u. a. Lagerstätten der Welt bei der Bildung derselben aus den gesteinsbildenden Mineralen der magmatischen Gesteine und aus Sedimenten stammen. Die internationale Konferenz zur Genese von Erzlagerstätten, die im September 1968 (s. W. F. BARABANOW 1968) in Schottland stattfand, war in bedeutendem Maße gerade diesem Problem gewidmet. In vielen Vorträgen sowjetischer und ausländischer Wissenschaftler wurde ein umfangreiches und sehr interessantes Faktenmaterial dargeboten, das zugunsten der neuen Vorstellungen über die Quellen der Erzsubstanz spricht. So hat z. B. W. L. BARSUKOW (Moskau) in seinem Vortrag mitgeteilt, daß die im WERNADSKIJ-Institut für Geochemie und analytische Chemie vorgenommenen Untersuchungen von Quarz-Kassiterit- und Sulfid-Kassiterit-Lagerstätten zeigten, daß als Zinnlieferant hier die „zinnführenden" Granitoide anzusprechen sind, aus denen die Erzelemente durch hydrothermale Lösungen im Prozeß der postmagmatischen Veränderung dieser Granitoide mobilisiert wurden. Solche Veränderungen (Albitisierung, Muskovitisierung) wurden im Institut experimentell bei $t = 500°C$ und $p = 350$ atm hervorgerufen. Die mobilisierenden Lösungen enthielten Chlor, Natrium, Kalium mit einem Zusatz von Natrium- und Fluorsilikat. Die Experimente erbrachten, daß diese Lösungen aus dem Granit 30—60% der Gesamtmenge an Zinn und aus Dioriten 50—90% der Gesamtmenge an Zinn herauslösten.

Somit sind als Zinnlieferanten für die hydrothermalen erzbildenden Lösungen die Granitoide selbst anzusehen.

Nach Angaben von Prof. R. Boyl (Kanada 1955) wurden in den Goldlagerstätten die Metalle, die petrogenen Elemente und die flüchtigen Bestandteile durch Lösungen aus den Nebengesteinen gezogen. Alle diese Komponenten wurden aus Gesteinen im Prozeß eines Metamorphismus letzterer mobilisiert. Sie könnten jedoch auch durch tiefzirkulierende unterirdische oder reliktische Wässer gesammelt worden sein. Die Mehrzahl der Elemente migriert nach Ansicht des Verf. infolge der Diffusion. Konzentriert werden sie infolge der Einwirkung sich erweiternder Strukturen oder im Ergebnis einer chemischen Reaktion mit dafür günstigen Gesteinen.

Auf der Tagung in England wurde in einer Reihe von Vorträgen die Idee entwickelt, daß solche „traditionell-magmatogenen" Lagerstätten, wie die Blei-Zink-Lagerstätten, nicht aus juvenilen hydrothermalen Lösungen gebildet wurden, sondern aus intraformatiellen oder fossilen hochkonzentrierten Wässern und Solen, die ihrerseits mit Erzkomponenten auf Kosten der „Auswaschung" von Metallen aus Sedimentgesteinen angereichert wurden, entstanden sind. So kommt z. B. E. Hall (USA) bei der Untersuchung der Genese von stratifizierten Lagerstätten des Fluorit-Zink-Feldes von Südillinois zu der Schlußfolgerung, daß sich diese Lagerstätten durch Ablagerung aus hochkonzentrierten Natrium-Kalzium-Chlorid-Wässern mit einer hohen Salzkonzentration (bis 150000 Teile pro Mill.) in einem Temperaturintervall von 160° bis 60°C gebildet haben. Diese Wässer waren, wie Isotopen- und chemische Untersuchungen der flüssigen Einschlüsse von Mineralen zeigten, primär als tiefliegende fossile Wässer vorhanden. Sie wurden aufgeheizt, erfuhren eine Konvektion und Anreicherung mit Seltenen Erden und Thorium während des Eindringens und des Aufstiegs der Intrusion von Hicks Dome.

Zu analogen Schlußfolgerungen kam auch A. Heyl (USA), der die stratiformen Blei-Zink-Baryt-Fluorit-Lagerstätten im Mississippi Valley untersuchte. Eine Analyse der Flüssigkeitseinschlüsse, der Isotopenzusammensetzung des Bleis, die Verteilung der seltenen Elemente und die Besonderheiten des geologischen Baus des Gebiets gaben die Gewißheit, daß die erzbildenden Lösungen auch hier hochkonzentrierte Natrium-Kalzium-Chlorid-Wässer waren. Sie wurden durch tiefliegende Alkalimagmen bis zu einer Temperatur von 70—150 °C aufgeheizt. Örtlich haben sich diese Solen einerseits mit an Kalium und Sulfaten angereicherten magmatogenen Wässern oder andererseits mit Grundwässern vermischt.

R. Folinsbee, G. Cumming, P. Fritz, R. Krouse, S. Jackson, A. Sasaki & R. Singh (Kanada) sprechen die gleiche Idee hinsichtlich der Genese der kanadischen Blei-Zink-Lagerstätte von Pine Point aus. Die von ihnen untersuchten Isotopenverhältnisse von Blei, Sauerstoff, Kohlenstoff und Schwefel in den Mineralen der Gänge, den umliegenden karbonatischen Gesteinen und in fossilen Wässern, das Fehlen von Erscheinungen eines Vulkanismus. im Gebiet der Lagerstätte selbst führten die Autoren zu der Schlußfolgerung, daß sich die Erze hier aus erhitzten, tief in die Sedimentschicht abgesenkten Solen bei einer Temperatur von 100° bis 50 °C bildeten.

M. Delavaux, B. Doe & G. Brown (USA) trugen interessante Fakten vor, die davon zeugen, daß die Bleiisotopenverhältnisse in den Chloridsolen des Roten Meeres (bei einer Konzentration von 10,5 Teilen Blei auf 1 Mill. Teile Wasser) ähnlich denen für Blei in den Galeniten der känozoischen Lagerstätten Saudi-Arabiens und in den Galeniten miozäner Ablagerungen Ägyptens sind. Die chloridischen Meeressolen müssen deshalb, nach Meinung der Autoren, als eine der möglichen Mineralisationsquellen angesehen werden.

Der Organisator der Tagung in Schottland, Prof. C. Davidson, trug neue interessante Vorstellungen darüber vor, daß sich die sog. telethermalen Erzlagerstätten aus intraformationellen Chloridsolen bildeten, die ihrerseits durch die Auslaugung von Evaporiten entstanden sind. Diese Laugen haben die Metalle aus den von ihnen durchflossenen Nebengesteinen buchstäblich „zusammengefegt". Die hochkonzentrierten Salzlösungen haben dann die Metalle bei der Berührung mit sulfidisch-sulfatischen Grundwässern ausgefällt. Als derzeit bemerkenswertestes Beispiel der Existenz von erzbildenden Lösungen dieser Art können die metallführenden Chloridsolen der Erdölprovinz auf der Halbinsel Tscheleken dienen, die aus anhydritführenden miozänen Buntfolgen gebildet wurden. Diese Wässer wurden durch Bohrungen aufgeschlossen und lagern nach letzten Angaben von L. M. Lebedjew gegenwärtig pro Jahr ca. 300 t Blei ab. Bis zu den nächsten magmatischen Gesteinen, die sich im Gebiet des Elbrus befinden, sind es ca. 500 km. Nach Meinung von Prof. Davidson besitzen auch die Erze vom Typ der Mansfelder Kupferschiefer Merkmale, die von ihrer Bildung infolge einer Tiefenzirkulation von Solen zeugen, die ihrerseits aus den darüberliegenden Evaporiten des Zechsteins entstanden. Die Evaporite laugten die Metalle aus der primär dispersen Mineralisation varistischen Alters in der Tiefe aus und lagerten sie dann durch Verdrängung des syngenetischen Pyrits beim späteren Aufstieg der Solen durch die Mansfelder Schiefer aus ihnen ab. Die mittlere Bewegungsgeschwindigkeit der Solefront überschritt nicht wenige Millimeter pro Jahr.

Nach der Tagung in England erschien eine neue Arbeit von L. M. Lebedjew (1967), in der zusätzliches Faktenmaterial dafür angeführt wird, daß die hochkonzentrierten thermalen Wässer der Brachyantiklinale von Tscheleken, die durch eine hohe Metallführung gekennzeichnet werden, als erzführende Hydrothermen angesehen werden können. In dieser Arbeit wird u. a. mitgeteilt, daß in den Bohrungen der Lagerstätte eine intensive Ablagerung von gediegen Blei, in den Fassungsausrüstungen von Kalzit, Pyrit, Eisensulfidgel, Galenit und Sphalerit zu beobachten ist. Die Bildung von Sphalerit erreichte in einem der Becken, in dem die Wässer der Bohrungen aufgefangen wurden, so bedeutende Ausmaße, daß daraus 0,5 t Sphalerit gewonnen werden konnten.

E. A. Baskow (1966) äußerte den interessanten Gedanken, daß die zehntausende Kubikkilometer hochkonzentrierter Solen, die im Südteil der Sibirischen Plattform lokalisiert sind und die eine metamorphosierte Mutterlauge unterkambrischer Salzbecken darstellen, ein sicheres Fundament zur Stützung der Hypothese über die Genese der gewaltigen Eisenerzlagerstätten des Gebiets von Angaro-Ilimsk sein können, indem diese Solen mit den erkaltenden, auskristallisierenden und eisenreichen Doleriten der sibirischen

Trappformation reagierten. Explosionsbrekzien und -schlote, Bruchzonen und Skarne, die eine Eisenerzmineralisation führen, sind bei einer solchen Erklärung der Genese nur als Entlastungsherde der Solen, die mit Eisenverbindungen übersättigt sind, anzusehen.

Wenn das Magma nicht als Quelle der erzführenden Lösungen in Frage kommt, so erhebt sich die Frage, worin seine Hauptrolle bei der Bildung von hydrothermalen Erzlagerstätten besteht? Auf diese Frage kann man wohl am besten mit den Worten des Akademiemitglieds D. I. SCHTSCHERBAKOW (1966) antworten:

„Entsprechend den neuen Ansichten ist das Magma vor allem als Wärmequelle anzusehen. Bei seinem Eindringen in die oberen Teile der Erdkruste zerstört es das vorhandene Gleichgewicht, erwärmt jene wäßrigen Lösungen, die dort vorhanden sind, und führt einige neue Bestandteile, z. B. Kohlensäure, zu.

Durch das Wasser, die Kohlensäure und die Wärme wird eine Anzahl von Elementen aus den Nebengesteinen, darunter auch aus den magmatischen Körpern selbst, extrahiert.

Für die Praxis bedeutet das, daß wir, möglicherweise, nicht die direkte Bindung mit diesen oder jenen Intrusionen suchen müssen; um vieles wichtiger ist es, die Gesteine zu suchen, *aus denen die Extraktoren die unterschiedlichen chemischen Elemente wegführen können*" (Hervorhebungen von W. BARABANOW).

Zusammenfassung

Verf. setzt sich im vorliegenden Artikel mit den Hypothesen über die Herkunft der Substanzen bei hydrothermalen Vererzungsvorgängen auseinander und stellt der Konzeption, daß die Elemente zum Aufbau von Erzen und Gangarten einem speziellen Magma entstammen, eine andere gegenüber, nach der die erz- und gangartbildenden Elemente durch metasomatische Prozesse aus den unmittelbaren Nebengesteinen von Lagerstättenkörpern ausgelaugt und in den Lagerstätten ausgefällt und konzentriert werden.

Das vom Verf. angeführte Material deutet auf eine Bestätigung der letzteren Hypothese hin. Stoffbilanzen unterschiedlicher magmatischer und sedimentärer Gesteine zeigen, daß ein genügend großes Angebot aller Elemente, das mengenmäßig die Bildung von Lagerstätten potentiell zulassen würde, in jedem Gestein vorhanden ist.

Verf. weist auf eine weitere Möglichkeit der Bildung von hydrothermalen Lagerstätten hin, die unter günstigen Bedingungen aus hochkonzentrierten fossilen Wässern und Solen entstehen können. Entsprechende Beispiele werden angeführt.

Резюме

Автор рассматривает в настоящей статье гипотезы об источниках вещества при гидротермальных рудообразующих процессах и противопоставляет конкреционную концепцию, по которой все элементы, нужные для образования рудных и нерудных минералов, взаимствуются из специальной магмы, метасоматической концепции, по которой все элементы, нужные для образования рудных и нерудных минералов, выщелачиваются метасоматическими процессами из вмещающих пород рудных месторождений, отлагаясь и концентрируясь теми же процессами в месторождениях.

Приводимый автором материал указывает на подтверждение последней гипотезы. Балансы вещества разных магматических и осадочных пород показывают, что достаточное количество всех элементов, которое потенциально могло бы обеспечить образование месторождений, имеется в любых породах.

Автор указывает также на возможность образования гидротермальных месторождений, которые могут возникнуть при благоприятных условиях из высокоминерализованных ископаемых вод и рассолов. Приводятся соответствующие примеры.

Summary

In the present article the author argues with hypotheses referring to the origin of substances in processes of hydrothermal mineralization, contrasting the conception that the elements serving the composition of ores and worthless minerals originate from a special magma with another, according to which elements forming ores and minerals accompanying them are leached by metasomatic processes from the immediate country rocks of ore bodies, and are precipitated and concentrated in the deposits.

The material mentioned by the author points at a confirmation of the latter hypothesis. From balances of materials of different magmatic and sedimentary rocks results that a supply large enough of all elements permitting a potential formation of deposits is available in each rock.

The author points at an another possibility of formation of hydrothermal deposits which, under favourable conditions, can take their rise from highly concentrated fossil waters and brines. Corresponding examples are mentioned.

Literatur

AKELLA, J.: Calculation of material transport in some metasomatic processes. – Neues Jb. Miner. Abh., 104, 3, 316–329 (1966).

ANDRUSENKO, N. I., & A. A. MOSKALJUK: Versuche zur hydrothermalen Behandlung von Doleriten in Verbindung mit Fragen der Genese von Lagerstätten optischen Spates. – Geochimija, Nr. 9 (1966).

BADALOV, S. T.: Über die Rolle der Nebengesteine als mögliche Quelle von Gold in den endogenen Quarz-Gold-Erzlagerstätten. – Sb.: Mineralogie und Geochemie der Sulfidlagerstätten Usbekistans. – Taschkent 1966.

BARABANOW, W. F.: Zur Frage der Genese der Sljudjansker Phlogopit-Lagerstätte. – SWMO, t. 83, Nr. 2 (1954).

– Die Mineralogie der Apophyllit-Gänge der Jukspor-Berge (Chibinen-Tundren). – Sb.: Fragen der Geologie und Mineralogie der Kolahalbinsel. – Wyp. 3, isd. AN SSSR (1960).

– Die Mineralogie der Wolframitlagerstätten Osttransbaikaliens. t. 1. – Isd. LGU (1961).

– Über das Wesen der Vergreisung und den Bildungsmechanismus der metasomatisch-konkretionären Gänge vom Greisentyp. – SWMO, tsch. 94, wyp. 3 (1965).

– Die Geochemie – einige ihrer Aufgaben und Methoden. – Westnik LGU, Nr. 24 (1967) [1967a].

– Ein Fall der unmittelbaren Abhängigkeit der Mineralzusammensetzung von Mikrogängen im Granodiorit von den von diesen Gängen durchsetzten Mineralen. – Sb.: Mineralogie und Geochemie der Wolframitlagerstätten. – Isd. LGU (1967) [1967b].

– Internationale Tagung zur Genese von Erzlagerstätten in St. Andrews (Schottland). – SWMO, tsch. 97, wyp. 2 (1968).

BASKOW, E. A.: Über die Rolle von Grundwässern und Solen bei der Bildung von Erzlagerstätten. – Jährl. Tagung Wiss. Rates WSEGEI. – Tesisy dokl. (1966).

BEAUMONT, E. DE: Note sur les éminations volcaniques et metallifères. – Paris 1846–1857.

BELJANKINA, E. D.: Abriß der Mineralogie der Pegmatitgänge von Ensk. – Tr. IGEM AN SSSR, wyp. 48 (1961).

BETECHTIN, A. G.: Die hydrothermalen Lösungen, ihre Natur und die Erzbildungsprozesse. – In: Hauptprobleme der Lehre magmatogener Erzlagerstätten. – Isdat. AN SSSR (1955).

BEUS, A. A.: Die metasomatische Zonalität von Graniten, an die Lagerstätten von Zinn, Wolfram, Beryllium und Tantal gebunden sind. – Sb.: Konfer. probl. magmat. rudoobrasow. S osobym wnimanijem k geochimii rudn. shil, t. 2, Prag 1965 (russ.).

BOGOLEPOW, W. G.: Die Rolle der texturell-strukturellen Faktoren bei der Feststellung der Stoffbilanz metasomatischer Mineralbildungen. – SWMO, tsch. 96, wyp. 1 (1967).

BORODIN, L. S.: Über Typen von Karbonatlagerstätten und ihre Verbindung mit Massiven ultrabasisch-alkalischer Gesteine. – Isd. AN SSSR (1957).

– Zum Chemismus der Ägirinisierungs- und Nephelinisierungsprozesse von Pyroxenen bei der Bildung von metasomatischen Nephelin-Pyroxen-Gesteinen (Ijoliten). – Geochimija, Nr. 5 (1958).

BOYL, R. L.: The geochemistry and origin of the gold-bearing quartz and lenses of the Yellow-Knife Greenstone Belt. – Econ. Geol., 1–2, p. 51 bis 67 (1955).

BULACH, A. G.: Zur Frage der Genese der Karbonatite des Sebl'-Javr-Massivs (Kolahalbinsel). – Sb.: Mineralogie und Geochemie. – Wyp. 2, isd. LGU (1967).

CHARLES, A. G.: Copper. – Mining Ann. Rev. (1967).

CHITAROW, N. I.: Über einige hydrothermale Experimente. – Sb.: Fragen der Petrographie und Mineralogie. – T. II, isd. AN SSSR (1953).
CHRENOW, T. N.: Zu einem Fall der lithologischen Kontrolle einer Wolframvererzung. – Dokl. AN SSSR, t. 100, Nr. 5 (1955).
GINSBURG, A. I.: Geochemische Besonderheiten des pegmatitischen Prozesses. – XXI. Int. Geol.-Kongr., Vortr. sowj. Geologen, Problem 17, isd. AN SSSR (1960).
GODLEWSKIJ, M. N.: Übersicht über die Hypothesen der Entstehung von Kupfer-Nickel-Lagerstätten. – Miner. sb. Nr. 2, WSEGEI, Gostechisdat, Leningrad 1961.
GOTMAN, JA. D.: Über die Rolle der Nebengesteine bei der Bildung von magmatogenen Lagerstätten. – Isw. AN SSSR, Nr. 2 (1953).
GRAHAM, A. T.: Chromite. – Mining Ann. Rev. (1967).
GRAYTON, L.: Die Natur der erzbildenden Fluida. – Gosgeoltechisdat, Moskau – Leningrad 1946.
GRESENS, R. G.: Composition-volume relationships of metasomatism. – Chem. Geol., vol. 2, Nr. 1 (1967).
IWANIZKIJ, T. W.: Zur Frage des Einflusses der Nebengesteine auf den Prozeß der hydrothermalen Erzablagerung. – Tr. geol. inst. AN Grus. SSR, t. 3 (1953).
IWANOWA, T. N.: Die Apatitlagerstätten der Chibinen-Tundren. – Gosgeoltechisdat, Moskau 1963.
– Zur Frage der Genese der Apatitlagerstätten in den Chibinen. – Sb.: Die Chemie in den Naturwissenschaften. – Isd. LGU (1965).
IZIKSON, G. W.: Gesetzmäßigkeiten der Metasomatose bei der Bildung von Karbonatiten. – Sow. geol., Nr. 6 (1954).
– Source of alcaline metals in the course of development of tin-bearing deposits of sulphide-cassiterite formation. – Sb.: Sympos. Probl. Postmagmat. Ore Deposits. – w. 1, appendix, Prag 1963.
JERMILOWA, L. P.: Die Minerale der Molybdän-Wolfram-Lagerstätte Karaoba in Zentralkasachstan. – Isd. nauka, Moskau 1964.
JERMOLAJEW, M. M.: Die geometrischen und geochemischen Hauptparameter der Erdrinde. – Isw. Wsesojusn. geogr. obschtsch., Nr. 5 (1967).
KARJAKIN, A. E.: Die Nebengesteine – die Quelle des Materials für die Minerale der Kristallnester. – Sap. Leningr. gorn. inst., t. 30, wyp. 2 (1955).
– Über die Herkunft der Kieselsäure der Quarzgänge und Kristallnester des Polar-Urals. – Tr. WNIIP, t. 2, wyp. 1 (1958).
KARPOW, I. K., & E. N. ANTIPOWA: Vergleichende Charakteristik der chemischen Zusammensetzung von Pegmatiten und Nebengesteinen des Mamsker Pegmatitfeldes. – Isw. wyssch. utsch. sawed., geol. i raswedka, Nr. 10 (1965).
KASIZYN, JU. W.: Der jetzige Zustand und die nächsten Aufgaben bei der Untersuchung von erznahen Metasomatiten. – Sb.: Metasomatische Veränderungen der Nebengesteine und ihre Rolle bei der Erzbildung. – Isd. nedra, Moskau 1966 [1966a].
– Die gangnahe Metasomatose und ihre Bedeutung für die Erzgenese. – Goditschn. sessija utschon. sowjeta WSEGEI, tesisy dok., Leningrad 1966 [1966b].
KIRILLOW, A. S.: Kalzit-Karbonatite in phenitisierten Gesteinen des Kovdor-Massivs und an diese gebundene Mineralisation. – Sb.: Fragen des Magmatismus und Metamorphismus. – T. 2, isd. LGU (1964).
KORSHINSKIJ, D. S.: Die metasomatische Zonalität beim kluftnahen Metamorphismus der Gänge. – SWMO, tsch. 75, wyp. 4 (1946).
– Die bimetasomatischen Phlogopit- und Lazuritlagerstätten des Baikalischen Archäikums. – Tr. IGN AN SSSR, wyp. 29 (1947).
– Die Infiltrationsmetasomatose beim Vorhandensein eines Temperaturgradienten und die kontaktnahe metasomatische Auslaugung. – SWMO, tsch. 82, wyp. 3 (1953).
– Das Aziditätsregime postmagmatischer Lösungen. – Isw. AN SSSR, Nr. 12 (1957).
– Das Aziditätsregime bei den postmagmatischen Prozessen. – Sb.: Probleme der Erzgenese. – Isd. nedra, Moskau 1964.
– Ein mathematisches Modell der überholenden Aziditätswelle. – Dokl. AN SSSR, t. 170, Nr. 2 (1966).
KOTULSKIJ, W. K.: Der jetzige Stand der Frage über die Genese von sulfidischen Kupfer-Nickel-Lagerstätten. – Sow. geol., Nr. 29 (1948).
KUCHARENKO, A. A.: Einige Fragen der Genese von Karbonatiten. – Sb.: Metasomatische Veränderungen von Nebengesteinen und ihre Rolle bei der Erzbildung. – Isd. nedra (1966).
KURBATOW, S. M.: Die Kupfer-Kontakt-Lagerstätten des Chakassischen Gebiets (Sibirien). – Ser. sibirsk., wyp. 16, isd. AN SSSR (1934).
– Zur Frage der Genese der Alumosilikate in den Kontaktlagerstätten. – Utsch. sap. LGU, ser. geol.-potschw. nauk, Nr. 6 (1944).
– Die Rolle von wäßrigen Lösungen bei der Bildung von Pegmatiten und Kontaktlagerstätten. – Tr. jubil. sess. LGU, ser. geol.-potschw. nauk, isd. LGU (1946).
LASKO, E. M.: Die Rolle der Pneumatolyse in der Mineralbildung. – Miner. sb. Lwowsk, geol. obschtsch., Nr. 5 (1951).
LEBEDJEW, L. M.: Rezente Bildung von Sphalerit in den Produktionsausrüstungen der Lagerstätte Tscheleken. – Dokl. AN SSSR, t. 175, Nr. 4 (1967).
LEBEDJEW, W. L.: Zur Mineralogie der Quarz-Karbonat-Gänge Nordkareliens. – Isw. Karelo-finsk. filiale AN SSSR, Nr. 1 (1950) [1950a].
– Über einen Fall des Auftretens einer Amphibolisierung von Pyroxenen. – Dokl. AN SSSR, t. 75, Nr. 1 (1950) [1950b].
LEONOWA, W. A.: Einige Fragen der Geochemie und der Genese von Pegmatitgängen von Tschupa (Nordkarelien). – SWMO, tsch. 94, wyp. 3 (1965).
LOWERING, T. S.: Über die Veränderung von Gesteinen als Suchmerkmal. – Isd. II, Moskau 1951.
MASON, B.: Principles of geochemistry. – New York 1958.
NABOKO, S. I.: Der hydrothermale Gesteinsmetamorphismus in vulkanischen Gebieten. – Isd. AN SSSR (1963).
NAKOWNIK, N. I.: Zur metasomatischen Mineralbildung und zum Gesetz der unterschiedlichen Rauminhalte. – SWMO, tsch. 78, wyp. 4 (1949).
– Die Bestimmung der quantitativen Stoffveränderungen beim hydrothermalen Metamorphismus. – SWMO, tsch. 87, wyp. 4 (1958).
NASAROWA, A. S., G. G. RODIONOW & I. N. TIMOFEJEW: Die Geologie der Lagerstätten seltener Elemente. – Wyp. 7, Gosgeoltechisdat (1960).
NIKITIN, W. D.: Zur Theorie der Genese von Pegmatiten. – Sap. Len. gorn. inst., wyp. 2 (1955).
– Die Bildungsbedingungen von Pegmatiten seltener Metalle und von Glimmerpegmatiten. – Int. Geol.-Kongr. XXI, Vortr. sowj. Geologen (Problem 17), isd. AN SSSR (1960).
ONTOJEW, D. O.: Über die Bildungsbedingungen einiger Erzgänge der Lagerstätte Bukuka. – Geol. rudn. mestor., Nr. 3 (1962).
OSJOROW, K. N.: Über die Rolle der Nebengesteine bei der Lokalisierung von epigenetischen Lagerstätten pneumatolytisch-hydrothermaler Genese. – Westnik LGU, Nr. 5 (1949).
OWTSCHINNIKOW, L. N.: Experimentelle Untersuchungen der Prozesse der endogenen Erzbildung. – Sb.: Probleme der Kristallochemie von Mineralen und der endogenen Mineralbildung. – Isd. nauka (1967).
POKROWSKIJ, P. W.: Über einige Gesetzmäßigkeiten der Prozesse kluftnaher Veränderungen von Gesteinen. – SWMO, tsch. 83, wyp. 3 (1954).
POKROWSKIJ, P. W., & S. P. JEREMEJEW: Zu einer der geochemischen Suchmethoden von Wolframlagerstätten. – Sb.: Mineralogie und Geochemie der Wolframitlagerstätten – Isd. LGU (1967).
PRATT, R.: Nickel. – Austr. Mineral Ind. Rev., 1965, Canberra 1966.
RADKEWITSCH, E. A.: Die Besonderheiten der Metasomatose in Zinn- und Zinn-Polymetall-Lagerstätten unterschiedlicher genetischer Typen. – Sb.: Metasomatische Veränderungen von Nebengesteinen und ihre Rolle bei der Mineralbildung – Isd. nedra, Moskau 1966.
ROMANOWITSCH, I. P.: Die mögliche Genese der gangnahen Veränderungen von Quarzgängen auf Nowaja Semlja. – Isw. wyss. utsch. sawed., geol. i raswedka, Nr. 3 (1958).
– Die Rolle des Gehalts an inerten Komponenten bei der Berechnung de Volumenveränderung und der Stoffbilanz bei der Metasomatose. – Isw. wyssch. utsch. sawed., geol. i reswedka, Nr. 7 (1961).
– Die Berechnungen der Volumenveränderungen bei der Metasomatose. – Bjull. MOIP, otd. geol., t. 39, Nr. 3 (1964).
– Über die Volumenveränderung bei der Metasomatose. – Bjull. MOIP, otd. geol., t. 41, Nr. 1 (1966).
RUDNIK, W. A.: Zur Entwicklung der Vorstellungen über die Skarnbildung. – Min. sb. Nr. 2, WSEGEI (1961).
– Die Bestimmung der quantitativen Stoffveränderungen bei metasomatischen Prozessen. – SWMO, tsch. 91, wyp. 6 (1962).
– Über die Stoffbilanz bei metasomatischen Prozessen. – Isw. wyssch. utsch. sawed., geol. i raswedka, Nr. 2 (1965).
– Bestimmungsmethoden der quantitativen Stoffveränderungen bei der Metasomatose. – Sb.: Metasomatische Veränderungen von Nebengesteinen und ihre Rolle bei der Mineralbildung. – Isd. nedra, Moskau 1966.
SANDBERGER, F.: Studien über Erzgänge (1–2). – Wiesbaden 1882–1885.
SARKISJAN, G. A.: Die Rolle der Nebengesteine bei der Metasomatose und die Zonalität seiner Produkte am Beispiel von Golderzlagerstätten. – Sb.: Metasomatische Veränderungen von Nebengesteinen und ihre Rolle bei der Erzbildung. – Isd. nedra (1966).
SCHTSCHERBAKOW, D. I.: Neues über die Herkunft hydrothermaler Lagerstätten. – Sb.: Für enge Bindung der geol. Wissenschaften mit der Produktion. – Isd. snanija (1966).
SCHWARTZ, G. N.: Hydrothermal alteration. – Econ. Geol., w. 54, Nr. 2 (1959).
SERGEJEW, A. S.: Phenitisierte Gesteine des Massivs von Kovdor. – Utsch. sap. LGU, Nr. 312 (1962).
– Exokontaktmetasomatite von Massiven ultrabasisch-alkalischer Gesteine der Kolahalbinsel und Nordkareliens. – Autorref. kand. diss., isd. LGU (1964).
SERRE, J. D.: Le vanadium. Etat du problème en 1965. – Chronique mines et rech. minière, vol. 35, 362 (1967).
SHARIKOW, W. A.: Die Abhängigkeit der koexistierenden Zusammensetzungen der Skapolite und Plagioklase von der Tiefe. – Dokl. AN SSSR, t. 170, Nr. 4 (1966).
SCHTSCHEGLOW, A. D.: Zur Frage der Genese von Wolframitlagerstätten Transbaikaliens. – Geol. rudn. mestor., Nr. 6 (1959).
SMIRNOWA, W. S.: Die Zusammensetzung der Nebengesteine und ihr Einfluß auf die Prozesse der Glimmerbildung in den Granitpegmatiten des archäischen Weißmeer-Komplexes. – Sb.: Probleme der Sedimentgeologie des Präkambriums. – Wyp. 1, isd. nedra (1966).
SOLODOWNIKOWA, L. L.: Zur Mineralogie der Darinsker Lagerstätte im chakassischen Gebiet. – Utsch. sap. LGU, ser. geol.-potschw. nauk, wyp. 13, Nr. 65 (1944).
SOLOMON, M.: Origin of barite in the North Pennine ore field. – Trans. Inst. Mining and Metallurgy, B 75, 230–231 (1966).
STUBBS, R. L., & A. R. L. CHILVERS: Lead and zinc. – Mining Ann. Rev. (1967).
TALDYKIN, S. I.: Zur Frage der primären Vertikalzonalität in hydrothermalen Lagerstätten. – Nautsch. dokl. wyssch. skely, geol.-geogr. nauki, t. 1 (1959).
TAUSON, L. W.: Die Geochemie der seltenen Elemente in den Granitoiden. – Isd. AN SSSR (1960).
TERSIJEW, G.: Spurenelemente in den Haupterzmineralen der Lagerstätte Tschelopetsch. – Tr. geol. Bulg., ser. geochem., miner. i petrogr., wyp. 6 (1966) (bulg.).
USCHAKOW, D. P.: Die Abhängigkeit der „überholenden Welle" der sauren Komponenten von der Filtrationsgeschwindigkeit der hydrothermalen Lösungen. – SWMO, tsch. 96, wyp. 3 (1957).
USCHAKOW, N. D., M. D. TROJANOW & N. W. LIZENMAJER: Einige Angaben zu Scheelitfunden in hydrothermal veränderten magmatischen, sedimentär-metamorphen und anderen Gesteinen. – Sow. geol., Nr. 53 (1956).
WARD, J.: Zirconium. – Austr. Min. Ind. Rev., 1965, Canberra 1966.
WASILEWSKIJ, M. M.: Propylitisierung und Vererzung. – Autorref. dok. diss., isd. WSEGEI, Leningrad 1968.
WELIKIJ, A. S.: Zur Frage des chemischen Einflusses der Nebengesteine auf die Erzablagerung. – Utsch. sap. LGU, Nr. 154, ser. geol. nauk, wyp. 2 (1952).
WENEDIKTOW, S. N.: Einige Angaben über die Herkunft der Kieselsäure in hydrothermalen Lösungen nach Ergebnissen experimenteller Untersuchungen. – Tr. WNIIP, t. 2, wyp. 1 (1958).
WERNADSKIJ, W. I.: Geschichte der Minerale der Erdrinde. – Bd. 1, wyp. 1, Petrograd 1923.
WISTELIUS, A. B.: Zur Mineralogie der Bergwerke Andrejew (Chakassien.) – Utsch. sap. LGU, Nr. 45 (1940).
Mineral Trade Notes. – Vol. 63, 4, 5 (1966).

Zeitschrift für angewandte Geologie, Bd. 15 (1969), Heft 11

Klassifizierung der Veränderlichkeit der wichtigsten Kalilagerstättenmerkmale

ERNST STOLLE, Sondershausen

(Mitteilung aus dem Kali-Forschungsinstitut, Sondershausen, Reg.-Nr. 7/69)

Die Redaktion stellt den nachstehenden Vorschlag des Verfassers zur öffentlichen Diskussion, ohne sich mit dem Inhalt zu identifizieren.

Aufgabenstellung

Die Rationalisierung des Kalibergbaus wird zu einem erheblichen Teil durch die Konzentration der Gewinnung und den verstärkten Einsatz gleisloser Lade- und Fördermittel erzielt. Diese Entwicklung stellt aus folgenden Gründen die geologischen Bearbeiter der Lagerstätten vor erhöhte Aufgaben:

Der früher durch eine Vielzahl und verstreute Lage der Gewinnungspunkte garantierte statistische Fehlerausgleich der prognostischen Angaben geht mit zunehmender Konzentration der Gewinnung weitgehend verloren. Gleichzeitig erfolgt eine Abnahme der Verschnittmöglichkeit von Rohsalzen unterschiedlicher Qualität.

Der verstärkte Einsatz gleisloser Lade- und Fördermittel ist mit der Entwicklung streckenarmer Abbauverfahren verbunden; demgemäß stehen für die erhöhten Anforderungen an die prognostische Einschätzung der Flözausbildung weniger Aufschlußpunkte als früher zur Verfügung.

Die im Vergleich zum Schrapper geringere Anpassungsfähigkeit der Großgeräte an faziell oder tektonisch bedingte Schwankungen der Bauscheiben-Liegendgrenze (oder auch der -Hangendgrenze) fordert detailliertere diesbezügliche Vorhersagen.

Im Prinzip wird vom Werksgeologen trotz oder vielmehr gerade wegen der ungünstigeren Aufschlußsituation in der Grube verlangt, die Sicherheit der geologischen Einzelaussage bzw. der -kennziffern zu erhöhen sowie ihre systematisch bedingte Unschärfe näher als bisher zu fassen (DÖHNER 1967). Es kommt insbesondere darauf an, daß der Fehler, der den Vorratsmengenberechnungen und der Einschätzung der engräumigen Salzverteilung und den Lagerungsverhältnissen unvermeidbar anhaftet, quantitativ gefaßt wird. Außerdem müssen Wege aufgezeigt werden, diesen Fehler mit ökonomisch vertretbarem Aufwand weitestmöglich zu vermindern. Dieser Zielstellung diente ein vom Verf. durchgeführter Forschungsauftrag (STOLLE 1968), auf dessen Ergebnisse sich vorliegende Arbeit gründet.

Der Prognosefehler wird hauptsächlich von nachstehenden Faktoren beeinflußt:

1. Art und Intensität der Lagerstättenveränderlichkeit,
2. Größe der zu beurteilenden Flächeneinheit,
3. Anzahl der Blockumfahrungsstrecken,
4. Umfang der sich aus blockrandlicher Bemusterung ergebenden Stichprobe,
5. Grad der lagerstättenkundlichen Erforschung des betreffenden Feldesteils.

Der Einfluß der Faktoren 2. bis 5. kann aus folgenden Gründen nicht oder jedenfalls nur unwesentlich im angestrebten Sinne geändert werden. Die Blockdimensionen und die Anzahl der Blockumfahrungsstrecken müssen in entscheidendem Maße auf die modernen Abbau- und Fördertechnologien abgestimmt sein. Für diese sind im allgemeinen Großblöcke von ca. 500×500 oder 500×250 m bei zweiseitiger Umfahrung und 20 bis 40 m betragenden Bemusterungsabständen ausreichend. Eine wesentliche Erhöhung des Erkundungsaufwandes pro Block über das lagerstättenseitig zu fordernde Minimum hinaus gilt es zu vermeiden, um der Forderung nach weitestgehender Senkung der Grubenkosten gerecht zu werden. Einer Intensivierung lagerstättenkundlicher Erforschung der betreffenden Feldesteile sind durch die Kapazität der werksgeologischen Abteilungen relativ enge Grenzen gesetzt.

Es gibt jedoch eine andere Möglichkeit, bei gleichbleibendem oder sogar reduziertem Erkundungsaufwand die Information über die interessierenden Lagerstättenteile zu erhöhen und somit zu der eingangs umrissenen Aufgabe einen entscheidenden Beitrag zu leisten. Das ist die systematische Erforschung der Lagerstättenveränderlichkeit. Für letztere ließ sich bereits bei überschläglicher Betrachtung feststellen, daß sie im wesentlichen statistischer Natur ist. Es lassen sich nämlich fast alle Lagerstätten(teile) einem Untertyp des „zufälligen" Veränderlichkeitstyps zuordnen. Dieser zeigt nach der Definition STAMMBERGERS (1963) „stochastische Unabhängigkeit der Werte, die auf unregelmäßigen Abschnitten eine einheitliche Tendenz zum Ausdruck bringen, d. h. hier allgemein niedrig oder allgemein hoch liegen". Bei der vom Verf. durchgeführten Untersuchung der Lagerstättenveränderlichkeit konnte er sich somit methodisch stark auf die mathematische Statistik orientieren.

Die Veränderlichkeit einer Lagerstätte ist vor allem durch das jeweilige Verhalten der Flözparameter Gesteinsausbildung, Mächtigkeit, Gehalte (Nutz- und Schadkomponenten) und Lagerungsformen gekennzeichnet. Hauptziel einer Klassifizierung der Veränderlichkeit dieser Eigenschaften sind die Rationalisierung der Datenauswertung sowie die Ermöglichung übersichtlicher Darstellungen und besserer Vergleichbarkeit der Ergebnisse. An die zu erarbeitenden Klassifizierungsschemata waren daher folgende Forderungen gestellt:

Für die vier in der DDR vorkommenden Kalisalzflöze, „Thüringen", „Hessen", „Staßfurt" und „Ronnen-

Eingang des Manuskripts in der Redaktion: 8. 7. 1969.

Überarbeitete Fassung eines Vortrags anläßlich einer Tagung der DGGW am 20.–21.11. 1968 in Berlin über „Fortschritte auf dem Gebiet der Gewinnung und automatischen Verarbeitung geologischer Daten".

berg“, muß eine einheitliche Anwendbarkeit garantiert sein.

Die Schemata müssen für die Datenauswertung unter geologisch-lagerstättenkundlichen und unter technologischen Aspekten in gleicher Weise brauchbar sein.

Für die verschiedenen Flözeigenschaften müssen sich je nach den praktischen Erfordernissen die statistischen Untersuchungen jederzeit getrennt oder auch kombiniert durchführen lassen; die Klassifizierungsschemata müssen entsprechend aufeinander abgestimmt sein.

Auf der Grundlage umfassender Datenauswertung und ausgehend von den Veränderlichkeitsklassen der Einzelmerkmale müssen komplex gefaßte Lagerstättentypen erarbeitet werden, die sich von den in der Kali-Instruktion der ZVK (1963) definierten durch eine weitgehende Quantifizierung unterscheiden und somit auf Erkundung und Vorratsberechnung von mehr bestimmendem Einfluß als jene sind.

Die Klassifizierungsschemata im einzelnen müssen einprägsame Raster aufweisen.

Ergebnisse

Für die Erfassung der regionalen Lagerstättenveränderlichkeit bietet sich als einfachste Variante die Eingruppierung der einzelnen Merkmalswerte in verschiedene Klassenbereiche mit anschließender Darstellung der Häufigkeitsverteilung an. Diese grobstatistische Untersuchungsmethode eignet sich vorzugsweise, um für die Einsatzmöglichkeit bestimmter lagerstättenabhängiger Technologien einen Lagerstättenüberblick zu erlangen. Ein weiterer Anwendungsbereich dieser Methode ist die Auswertung von Kalitiefbohrungen. Man gibt für das Erkundungsfeld die aus den Bohraufschlüssen abgeleiteten Klassenbereiche der wichtigsten Flözparameter an und ergänzt sie durch die in Analogie zu ähnlichen Lagerstätten geschätzten Variationskoeffizienten bzw. -spannen. Abzulehnen sind detailliertere Zahlenangaben, wie z. B. der sich auf eine relativ geringe Anzahl von Tiefbohraufschlüssen gründende Mittelwert (einschließlich Streuung und Variationskoeffizient). Daten dieser Art würden über die Unschärfe des Beobachtungsrasters hinwegtäuschen und eine nur scheinbar existierende Genauigkeit vorspiegeln. Im Vergleich zu der nachfolgend zu besprechenden Methode bleibt die Anwendung dieser grobstatistischen Methode auf gelegentliche Auswertungen von Grubenaufschlüssen bzw. Tiefbohrerkundungsobjekten begrenzt.

Routinemäßig müssen in der betriebsgeologischen Praxis künftig blockbezogene Veränderlichkeitsangaben erarbeitet werden, um mit diesen die bisher fast ausschließlich verfügbaren Mittelwerte der wichtigsten Parameter (K_2O-Gehalt und Mächtigkeit, künftig auch $MgSO_4$- und $MgCl_2$-Gehalt) zu ergänzen. Es wird vorgeschlagen, die Veränderlichkeit in die Klassenbereiche 1 bis 5 zu untergliedern, für welche die Zusatzbezeichnungen „sehr gering“, „gering“, „mittel“, „stark“ und „sehr stark“ Verwendung finden sollen. Für jedes interessierende Merkmal ist pro Untersuchungsobjekt die Zugehörigkeit zu einer der fünf Klassen gesondert festzustellen, da nur selten alle Parameter einer einzigen Klasse zugeordnet werden können. Im allgemeinen wird man abschließend eine zusammenfassende Auswertung

Tab. Klassifizierung der Lagerungsverhältnisse (allgemeine Charakterisierung)

Klasse 1 — sehr ruhige Lagerung mit relativ einheitlichem Streichen und allgemein flachem Einfallen; Flözmächtigkeiten tektonisch kaum beeinflußt oder
halbsteiles bis steiles Einfallen an Sattelflanken mit relativ einheitlichem Streichen; Flözmächtigkeiten tektonisch schwach beeinflußt; bei Tiefbohrerkundung wegen Unschärfe des Beobachtungsrasters nicht feststellbar

Klasse 2 — ruhige Lagerung mit relativ einheitlichem Streichen und flachem Einfallen, überprägt durch lokale Sättel und Mulden oder Flexuren mit halbsteilen Einfallwerten; Flözmächtigkeiten schwach, selten stärker tektonisch beeinflußt oder
halbsteiles bis steiles Einfallen an Sattelflanken mit relativ einheitlichem Streichen, lokal gestört durch Ausdünnung, Anstauung, Versteilung etc.;
bei Tiefbohrerkundung Zuordnung von Lagerstätten(teilen) zur Klasse 2 nur möglich, wenn mehrere relativ gleichmäßig verteilte Bohrungen (2 bis 3 km Abstand) ruhige Lagerungsverhältnisse anzeigen und wenn häufigeres Auftreten von Lagerungsunregelmäßigkeiten oder Vorkommen von Störungszonen mit großer Wahrscheinlichkeit ausgeschlossen werden können

Klasse 3 — verbreitet konforme bis schwach disharmonische Faltung mit flacher bis halbsteiler Lagerung bei vorherrschend annähernd gleicher Streichrichtung und Faltungsvergenz; Flözmächtigkeiten mäßig, gelegentlich lokal auch stark tektonisch beeinflußt;
bei Tiefbohrerkundung Zuordnung von Lagerstätten(teilen) zur Klasse 3, wenn mehrere Bohrungen Lagerungsunregelmäßigkeiten deutlich anzeigen und wenn bei der regionaltektonischen Situation ein verbreitetes Auftreten schwach disharmonischer Faltung wahrscheinlich ist, stärkere Lagerungsstörungen aber nur selten und lokal begrenzt zu erwarten sind

Klasse 4 — groß- und engräumig unregelmäßig wechselndes Streichen und Einfallen sowie häufiges Auftreten von Störungszonen (stark disharmonische Faltung, Abscherung, Überschiebung, Ausdünnung, Anstauung etc.); Flözmächtigkeiten meist stark beeinflußt;
bei Tiefbohrerkundung Zuordnung von Lagerstätten(teilen) zur Klasse 4, wenn im Erkundungsgebiet ein einheitlicher tektonischer Bau nicht erkennbar und auf Grund der Lage im Vergitterungsbereich verschieden gerichteter tektonischer Strukturen oder im Bereich von ausgeprägten Störungszonen, kompliziert gebauten Salzsätteln etc. auch schwerlich zu erwarten ist

Klasse 5 — sehr komplizierte, disharmonische Salinartektonik mit vorherrschend steiler und vielfach inverser Lagerung, häufig Kulissenfaltung; Flözmächtigkeiten sehr stark tektonisch beeinflußt;
bei salzstockgebundener Tiefbohrerkundung ergibt sich in jedem Fall, auch unabhängig von Bohranzahl und Befund des Einzelaufschlusses, die Zuordnung zur Klasse 5.

vornehmen und die untersuchten Blöcke oder Feldesteile den komplex gefaßten Lagerstättentypen zuordnen müssen.

Zum Merkmalskomplex „Flözausbildung“ gehören der K_2O-Gehalt, die Mächtigkeit, die vertikale und die horizontale Absetzigkeit. Die Veränderlichkeit der Gehalte und Mächtigkeiten wird durch die Variationskoeffizienten (V = Streuung in Prozenten des arithmetischen Mittels) zum Ausdruck gebracht. Die Klassenabgrenzungen 15, 25, 35 und 45 wurden unter Beachtung einer hinreichenden Differenzierungsmöglichkeit der in den Lagerstätten vorkommenden Werte sowie mit Rücksicht auf eine gute Einprägsamkeit des Rasters festgelegt. Die auf die vertikale Absetzigkeit bezogenen Veränderlichkeitsangaben sollen in Ergänzung zu denen der Mächtigkeitsparameter die Einsatzplanung für die Großgeräte unterstützen; denn starke stratigraphische Schwankungen der Flözunter- oder Flözoberkante können sich erfahrungsgemäß in einem sonst ruhig gelagerten Flöz bergtechnisch ähnlich störend auswirken wie eine entsprechende tektonische Faltung. Erfaßt wird die maximale Abweichung der Flözliegend- oder Flözhangendgrenze vom „normalen" stratigraphischen Niveau. Sie wird in Prozent der Durchschnittsmächtigkeit der Bauscheibe (Klassenabgrenzungen 20, 40 und 60%), gegebenenfalls auch in Metern oder Dezimetern mit in jedem Werk individuell festzulegenden Klassenabgrenzungen angegeben.

Hauptkriterium für die Bewertung der meisten wirtschaftlich nutzbaren Kalisalzvorkommen der DDR ist die horizontale Absetzigkeit. Diese erweist sich vor allem bei den Vorratsmengenberechnungen als wichtigste Einflußgröße. Für die einzelnen Veränderlichkeitsklassen festgelegte Richtwerte bzw. Charakteristika beziehen sich auf:

die Flächengrößen bauwürdiger bzw. unbauwürdiger Salzausbildung (z. B. in Klasse 3 Vertaubungsinseln < 100 m Durchmesser);

die Mindestflächenanteile nutzbarer Flözausbildung (z. B. in den Klassen 1 bis 3: > 85 bzw. > 70 bzw. > 55%; zulässige Ausnahmen sind Teilblöcke randlich von Großvertaubungen);

Art der Salzübergänge (z. B. Richtungsgebundenheit in Klasse 2 oder intensive, unregelmäßige Verzahnung in Klasse 4).

Die vom Verf. (STOLLE 1969, Tab.) beschriebene Klassifizierung der horizontalen Absetzigkeit ist auf Untertageaufschlüsse bezogen. Sie ist ergänzt (STOLLE 1968, Anl. 7a) durch eine auch die Tiefbohraufschlüsse berücksichtigende Beschreibung. Diese geht von der relativen Unschärfe des Beobachtungsrasters aus und macht die Klassenzuordnung nicht nur von den Bohraufschlüssen, sondern auch von Gesichtspunkten der regionalgeologischen Stellung, der Genese sowie von Analogieschlüssen abhängig.

Zum Merkmalskomplex „Lagerungsverhältnisse" gehören das Streichen, das Einfallen, die Häufigkeit grundsätzlicher Wechsel dieser Parameter im Block und eine allgemeine Charakterisierung der Lagerungsformen. Für das Streichen und Einfallen werden die Variationsspannen in Neugrad bzw. Prozent abgeschätzt und den Klassenbereichen (Abgrenzungen bei 20, 40, 60 und 80 Neugrad bzw. bei 10, 20, 30 und 40%) zugeordnet. Für exakte statistische Berechnungen fehlt es im allgemeinen an entsprechend zahlreichen und genauen Primärdaten. Es wird weiterhin angegeben, wie oft sich die Einfall- und die Streichrichtung grundsätzlich ändern (Klasse 1 = 0; Klasse 2 = 1—2; Klasse 3 = = 3—4; Klasse 4 = > 4; Klasse 5 = vielfach). Die besondere Bedeutung dieser blockbezogenen Veränderlichkeitsdaten liegt in der zuverlässigeren Einschätzung, ob bzw. in welchen Bereichen mit stärkeren Lagerungsunregelmäßigkeiten der wirtschaftliche Einsatz von Großgeräten noch möglich ist, welches die günstigste Verhiebrichtung ist usw. Im Gegensatz zu ebengenannten Parametern orientiert die auf der Tab. gegebene allgemeine Charakterisierung der Lagerungsverhältnisse auf feldwärtige Extrapolation und dient zugleich der komplex gefaßten Veränderlichkeitstypisierung mit als Ausgangsbasis. Die Tab. berücksichtigt sowohl Untertage- als auch Tiefbohraufschlüsse. Im einzelnen beinhaltet das Schema:

die vorherrschende Lagerungsform,

die Häufigkeit und Intensität lokaler Abweichungen von der vorherrschenden Lagerungsform,

die tektonische Beeinflussung der Flözmächtigkeit.

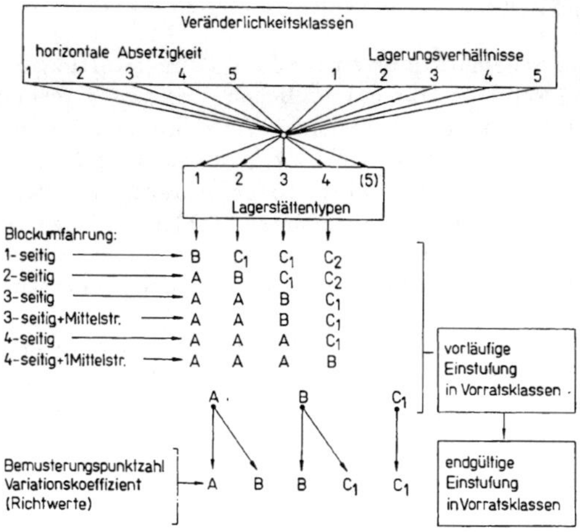

Abb. 1. Einfluß der Lagerstättenveränderlichkeit auf die Vorratsklasseneinstufung

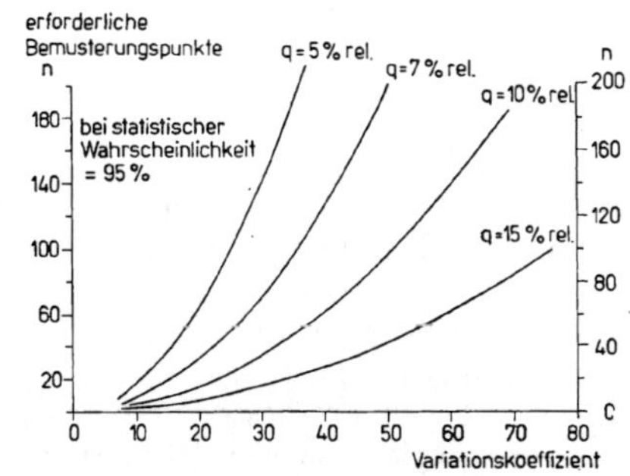

Abb. 2. Abhängigkeit des erforderlichen Bemusterungsumfangs vom Variationskoeffizienten und den Vertrauensgrenzen

Auf Abb. 1 ist schematisch dargestellt, wie man von den meist voneinander unabhängigen Veränderlichkeitsklassen der Merkmalskomplexe „horizontale Absetzigkeit" (STOLLE 1969, Tab.) und „Lagerungsverhältnisse" (Tab.) zu den Lagerstättentypen 1 bis 5 gelangt. Bei den verschiedenen Kombinationsmöglichkeiten der jeweiligen Klassen bestimmt in der Regel das Merkmal mit der stärkeren Veränderlichkeit den Lagerstättentyp. Der in erster Linie auf Salzstockverhältnisse bezogene Typ 5 bleibt vorläufig ohne praktische Bedeutung. Den Typen 1 bis 4 sind statistisch begründete Erkundungsrichtwerte hinsichtlich der Blockumfahrung zugeordnet (STOLLE 1969, Abb. 3), deren Einhaltung Hauptbedingung für die jeweils angestrebte Vorratsklasseneinstufung ist. Für die aus horizontaler Absetzigkeit, Tektonik und Blockumfahrung resultierende, zunächst vorläufige Einstufung ergibt sich je nach der von der Bemusterungspunktzahl (Stichprobenumfang) und dem Variationskoeffizienten abhängigen Einhaltung vorgegebener Vertrauensgrenzen eine Bestätigung oder Herabstufung:

Für Klasse A wurden mit der VVB Kali Vertrauensbereiche von ±7% rel. für die K_2O-Gehalte und von ±15% rel. für die Mächtigkeiten und sonstigen Gehalte vereinbart; dem entsprechen z. B. bei 15% K_2O ± 1% bzw. bei 5 m Mächtigkeit ±0,75 m.

Für Klasse B wurden Vertrauensbereiche von ±15% rel. für die K_2O-Gehalte und von ±20% rel. für die Mächtigkeiten und sonstigen Gehalte festgelegt; dem entsprechen z. B. bei 15% K_2O ± 1,8% bzw. bei 5 m Mächtigkeit ±1 m.

Für Klasse C_1 erübrigen sich Vertrauensgrenzen, da bergmännisch erschlossene Kalisalzvorräte in jedem Fall zumindest in diese Klasse einzustufen sind.

Aus einem bestimmten Blockbemusterungsumfang resultieren für die einzelnen Flözparameter derart unterschiedliche Vertrauensgrenzen, weil die ausschlaggebenden Variationskoeffizienten der K_2O-Gehalte meist den Veränderlichkeitsklassen 2 bis 3, die der Mächtigkeiten und sonstigen Gehalte jedoch vorzugsweise den Klassen 3 bis 5 zugehören. Die Abhängigkeit des für die Erzielung vorgegebener Aussagerichtigkeit (Vertrauensgrenzen q) erforderlichen Stichprobenumfangs (n) vom jeweiligen Varationskoeffizienten zeigt Abb. 2 (dargestellt für $q = \pm 5, \pm 7, \pm 10$ u. $\pm 15\%$ rel.).

Die von den bemusterten Grubenaufschlüssen auf die zu beurteilenden Blöcke oder Feldesteile zu extrapolierenden Variationskoeffzienten (V) müssen vorerst geprüft werden, ob sie bei den gegebenen Größenwerten der K_2O-Gehalte und Mächtigkeiten im „normalen" Streubereich ober- bzw. unterhalb der Ausgleichsgeraden (Abb. 3, $y = a + bx$) liegen oder ob sie etwa „Ausreißer" darstellen. Im ersten Fall wird man sie bedenkenlos extrapolieren können, im zweiten Fall aber sicher nicht ohne vorherige Nachprüfung und geologisch sinnvolle Überarbeitung; meist wird dann ein an der Grenze des „normalen" Streubereiches liegender Wert einzusetzen sein. Solchen Überprüfungen können die auf Abb. 3 graphisch dargestellten Ergebnisse umfangreicher statistischer Untersuchungen über die Abhängigkeit der Variationskoeffizienten von der Größenordnung der Gehalts- und Mächtigkeitswerte (STOLLE 1968) als Grundlage dienen. Die aufgezeigten Beziehungen zeigen starke Analogien zu den Ergebnissen ähnlicher Untersuchungen, die von KRAJEWSKI (1959) an polnischen Erzlagerstätten durchgeführt wurden. Offenbar handelt es sich um Regeln, die für eine Vielzahl verschiedenartiger Lagerstätten Gültigkeit haben.

Auf Abb. 4 sind die Beziehungen zwischen Vorratseinstufung, Lagerstättentyp, Blockumfahrung, Bemusterungsdichte, Variationskoeffizienten und Vertrauensgrenzen noch einmal übersichtlich als Nomogramm dargestellt. Im rechten oberen Quadranten wird der Umfang der Blockumfahrungsstrecken abgelesen, der in den einzelnen Lagerstättentypen zur angestrebten Vorratsklasseneinstufung notwendig ist. Im linken unteren Quadranten liest man bei gegebenen Variationskoeffizienten den zur Einhaltung der geforderten Vertrauensgrenzen notwendigen Bemusterungsaufwand ab. Andererseits kann man bei bereits einheitlich festgelegten Bemusterungsabständen die aus n und V resultierenden Vertrauensgrenzen ersehen und dann die endgültige Vorratsklasseneinstufung vornehmen. SOUKUP (1967) gelangte bei analogen, allerdings fehlerbezogenen Untersuchungen an tschechoslowakischen Lagerstätten anderer Mineralgebiete zu sehr ähnlichen Ergebnissen und Darstellungen. Der linke obere Quadrant in Abb. 4 ist ohne wesentliche Bedeutung; er beinhaltet lediglich die Beziehungen zwischen der Blockumfahrung, den Bemusterungsabständen und dem Stichprobenumfang.

Zusammenfassung

Durch systematische Erforschung der auf Gesteinsausbildung, Mächtigkeit, Gehalte und Lagerungsformen bezogenen Lagerstättenveränderlichkeit kann zur Verbesserung der prognostischen Einschätzung unverritzter Vorratsblöcke und grubenrandlicher Feldesteile ein wesentlicher Beitrag geleistet werden.

Für die Veränderlichkeit wird eine generelle Untergliederung in fünf Klassenbereiche (1 — sehr gering, 2 — gering, 3 — mittel, 4 — stark, 5 — sehr stark) vorgeschlagen. Innerhalb des Merkmalskomplexes „Flözausbildung" wird die Veränderlichkeit der Gehalte und Mächtigkeiten durch Variationskoeffizienten mit den Klassenabgrenzungen 15, 25, 35 und 45 zum Ausdruck gebracht. Bei der vertikalen Absetzigkeit wird, ebenfalls klassenunterteilt, die Abweichung der Flözbasis vom „normalen" stratigraphischen Niveau in Prozent der Durchschnittsmächtigkeit angegeben. Die Klassen der horizontalen Absetzigkeit (Haupteinflußfaktor auf die Vorratsmengenberechnungen) sind durch die Flächengrößen nichtbauwürdiger Flözausbildung, die Mindestflächenanteile nutzbaren Salzgesteins sowie durch die Charakteristika der Salzübergänge bestimmt.

Zu dem für die Gewinnungs- und Fördertechnologie maßgeblichen Merkmalskomplex „Lagerungsverhältnisse" gehören das Einfallen und Streichen (klassenunterteilte Variationsspannen der Einfallensprozente bzw. der in Neugrad gemessenen Richtungswinkel) und die Häufigkeit grundsätzlicher Wechsel dieser Parameter im Block; außerdem erfolgt nach vorgegebenen Kriterien eine „allgemeine Charakterisierung". Die jeweilige Klasse letzterer bestimmt

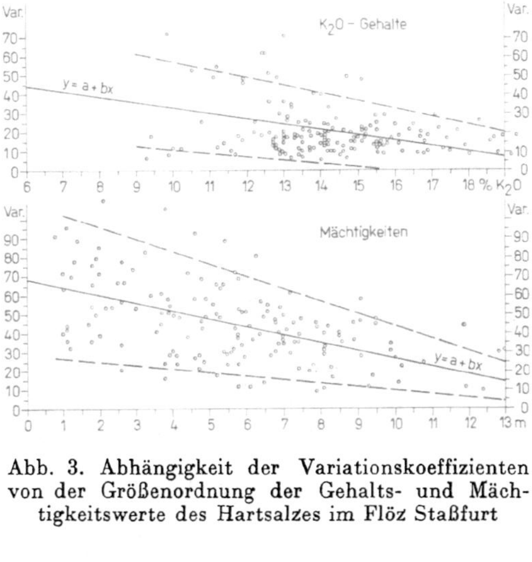

Abb. 3. Abhängigkeit der Variationskoeffizienten von der Größenordnung der Gehalts- und Mächtigkeitswerte des Hartsalzes im Flöz Staßfurt

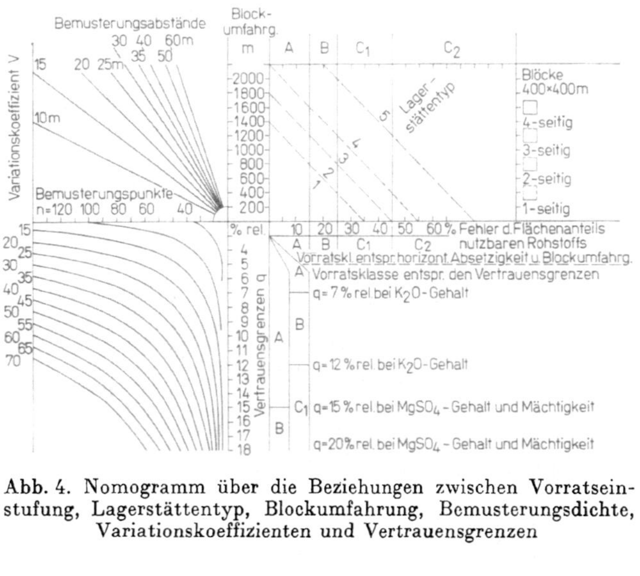

Abb. 4. Nomogramm über die Beziehungen zwischen Vorratseinstufung, Lagerstättentyp, Blockumfahrung, Bemusterungsdichte, Variationskoeffizienten und Vertrauensgrenzen

gemeinsam mit derjenigen der horizontalen Absetzigkeit den Lagerstättentyp. Dabei ist der Merkmalskomplex mit der stärkeren Veränderlichkeit ausschlaggebend. Den Typen sind zur Erzielung angestrebter Vorratsklasseneinstufung Erkundungsrichtwerte zugeordnet. Nach zunächst vorläufiger Einstufung ist zu prüfen, ob die vom Stichprobenumfang und Variationskoeffizienten abhängigen Vertrauengrenzen den für die Vorratsklassen A und B vorgegebenen Richtwerten entsprechen. Im negativen Fall wird in die nächstniedere Klasse eingestuft.

Резюме

Путем систематического исследования изменяемости месторождений, отнесенной к развитию пород, к мощности, содержанию и формам залегания, может быть дан существенный вклад в улучшение прогнозной оценки невскрытых запасных блоков и расположенных у края шахты участков.

Для изменяемости предлагается общее подразделение на пять участков классов, а именно: 1 — очень небольшая изменяемость; 2 — небольшая изменяемость; 3 — средняя изменяемость; 4 — сильная изменяемость; 5 — очень сильная изменяемость. Среди комплекса признаков ,,развитие пласта", изменяемость содержаний и мощностей выражается коэффициентами вариации с пределами классов 15, 25, 35 и 45. В случае вертикальной прерывистости дается, тоже с подразделением по классам, отклонение основания пласта от ,,нормального" стратиграфического уровня в процентах средней мощности. Классы горизонтальной прерывистости (являющейся главным фактором влияния на подсчет запасов) определяются величинами площадей непромышленного развития пласта, минимальными долями площадей полезной соляной породы, а также показателями соляных переходов.

В комплекс признаков ,,условия залегания", важный для технологии эксплуатации и добычи, входят падение и простирание (подразделенные на классы интервалы вариации процентов падения или измеренный в десятичных градусах угол направления), а также частота принципиальных перемен этих параметров в блоке. Кроме того, по заданным критериям производится ,,общая характеризация". Соответствующий класс последних вместе с классом горизонтальной прерывистости определяет тип месторождения. Решающее значение при этом имеет комплекс признаков с более сильной изменяемостью. Для получения желанного отнесения к классам запасов типам придавались ориентировочные данные разведки. После предварительного отнесения следует проверять, соответствуют ли зависимые от объема разборок и коэффициента вариации пределы доверия заданным для классов запасов A и B ориентировочным величинам. В отрицательном случае производится отнесение к следующему по очереди низкому классу.

Summary

A systematic investigation of the variability of deposit referred to rock development, thickness, contents and structural conditions may considerably contribute to an improvement of the prognostic estimate of virgin reserve blocks and parts of the field situated at the border of the mine.

A general subdivision into five classes is suggested for the variability, viz. 1 — very small, 2 — small, 3 — medium, 4 — heavy, 5 — very heavy. Within the complex of characters "development of seam" the variability of contents and thicknesses is expressed by coefficients of variation with delimitations of classes 15, 25, 35, and 45. In the vertical line of outcrop, which is also subdivided into classes, the difference of the base of seam from the "standard" stratigraphical level is given in per cent of the average thickness. The classes of the horizontal line of outcrop (the factor mainly influencing calculations of reserves) are determined by the areas of inexploitable seam development, minimum surface portions of workable salt rock, and characteristics of salt overhangs.

The complex of characters "mutual relations", which is decisive for the technology of getting and hauling, includes the dip and strike (margins of variation subdivided into classes of the percentage of dip, and of the bearing angles measured in new degrees respectively) and the abundance of basic changes of these parameters within the block. Moreover, a "general characterization" is made in accordance with given criteria. The class in question of the latter determines, together with that of the horizontal line of outcrop, the type of deposit, with the complex of characters having a major variability playing a decisive role. Reference values of exploration are assigned to the types with a view to obtaining a classification of reserve classes. A classification which, for the time being, is a preliminary one is followed by an examination of whether limits of confidence dependent on the extent of random tests and coefficient of variation correspond to reference values given for the reserve classes A and B. In the negative case an arrangement into the class following next in a lower direction is made.

Literatur

DÖHNER, C.: Geologie und Rationalisierung im Kalibergbau. — Unveröff. Ms., Kali-Forschungsinstitut Sondershausen 1967.

KRAJEWSKI, R.: Über die Untersuchung der Variationskoeffizienten polnischer Lagerstätten. — Z. angew. Geol., 5, 306—310, Berlin 1959.

SOUKUP, B.: Auswertung der Erkundungsdichte mittels elektronischer Rechenautomaten. — Z. angew. Geol., 13, 209—211, Berlin 1967.

STAMMBERGER, F.: Der Einfluß des Veränderlichkeitstyps eines Mineralkörpers auf die Mittelbildung sowie Extra- und Interpolation. — Z. angew. Geol., 9, 189—194, Berlin 1963.

STOLLE, E.: Lagerstättenveränderlichkeitstypen. — Unveröff. Forschungsauftrag-Abschlußbericht, Kali-Forschungsinstitut Sondershausen 1968.

— Abgrenzung der Vorratsklassen von Kaliflözen nach dem mittleren Fehler des nutzbaren Flächenanteils. — Z. angew. Geol., 15, 10, 530—536, Berlin 1969.

Instruktion zur Anwendung der ,,Klassifikation der Lagerstättenvorräte fester mineralischer Rohstoffe" auf Kali- und Steinsalzlagerstätten der DDR. — Z. angew. Geol., 9, 527—531, Berlin 1963.

Wie und wo bilden sich Magmen?

W. W. WELINSKIJ, Nowosibirsk

Die Geologen sind gegenwärtig der Ansicht, daß das Magma durch das Schmelzen der Substanz aus verschiedenen Erdhüllen entsteht. Dabei ist das basaltische Magma ein Derivat des oberen Mantels und das granitische Magma ein Abkömmling der Sialkruste, die den oberen Mantel überdeckt. Damit endet im Grunde bereits die einheitliche Meinung der Geologen zur Frage der Genesis der Magmen und der magmatischen Herde. Einige Geologen sind der Meinung, daß das Magma durch das Schmelzen unter Einwirkung von Wärme entsteht, die bei der Spaltung radioaktiver Elemente abgegeben wird; andere bringen seine Bildung mit der Veränderung der thermodynamischen Bedingungen (hauptsächlich des Drucks) im Erdinnern in Verbindung als Ergebnis der Bildung tiefer Spalten in der Erdkruste und im Erdmantel. Ohne auf eine detaillierte Behandlung dieser Hypothesen einzugehen, sei lediglich bemerkt, daß diese eine ganze Reihe von Mängeln aufweisen, die es nicht ermöglichen, verschiedene Erscheinungen zu erklären, die die Bildung von magmatischen Herden und die vulkanische Tätigkeit begleiten.

In erster Linie sei festgestellt, daß Vulkanausbrüche immer durch enormes Ausströmen von Gasen begleitet werden. Der Eruptionsakt wird von einer Erhöhung der Aktivität der Gasaustritte begleitet, die im Gebiet des Vulkans liegen, sowie durch eine Erhöhung des Anteils von Wasserstoff, Helium und Argon 40 in deren Zusammensetzung. Außerdem werden Vulkanausbrüche gewöhnlich von Gewittern, nicht selten auch durch ein Leuchten der Atmosphäre über den Vulkanen und Erscheinungen elektrischer Entladungen (Elms-

Aus: ,,Priroda", H. 2, S. 97—102 (1969); gekürzt.
Übers.: K. NIEMANN, ZGI, Berlin.

feuer) in der Atmosphäre, Leuchten der elektrischen Leitungen, Störungen der Funkverbindungen und der Störung des magnetischen Erdfeldes im Gebiet des Vulkans begleitet. Schließlich sollte nicht vergessen werden, daß vor einer Eruption häufig Erdbeben beobachtet werden, deren Hypozentrum in der Herdzone liegt. Dabei ist mit dem Anstieg des Magmas im Zufuhrkanal eine schnelle Verlagerung des Hypozentrums zur Erdoberfläche festzustellen.

Uns scheint, alle diese Fakten zeigen, daß erstens die entscheidende Rolle bei der Bildung magmatischer Herde innerhalb der Erdhülle den Gasen zufällt, und zweitens, daß sich das Gas im ionisierten Zustand befindet. Gerade dadurch erklären sich die Nebenerscheinungen, die die Eruptionen begleiten.

Als Bestätigung des geäußerten Standpunktes können folgende Fakten dienen. Akademiemitglied A. P. WINOGRADOW untersuchte die Zusammensetzung der Gasphase in Steinmeteoriten, hier als Ausgangsmaterial einer protoplanetaren Wolke betrachtet, und zeigte, daß sich im Erdmantel eine riesige Gasmenge befindet, die hauptsächlich durch protoplanetare kosmische Substanz zugeführt wurde. Diese Gase sind in der silikatischen Substanz des Mantels gelöst und bilden mit ihm eine Phase. Die zweite, die eigentliche Gas- oder Dampfphase, enthält nach A. P. WINOGRADOW Dämpfe, Gase und andere Bestandteile im überkritischen Zustand und entsteht in der Nähe des subkrustalen Gebietes. Die Substanzen dieser Phase sind gegenüber den Nebengesteinen sehr aggressiv. Die Existenz von Gasen in gelöstem Zustand in der Substanz des Mantels wird durch hohe Werte der Temperaturen und Drücke innerhalb der Erdhülle begünstigt.

Über die möglichen Gasgehalte in der Silikatsubstanz des Erdmantels kann nach den Angaben von A. P. WINOGRADOW geurteilt werden:

H_2O — $2 \cdot 10^{25}$ g; Na — $8 \cdot 10^{22}$ g; C — $1{,}6 \cdot 10^{24}$ g; Cl — $2{,}2 \cdot 10^{23}$ g; S — $7{,}2 \cdot 10^{25}$ g; Ar — $7 \cdot 10^{20}$ g; He — $3 \cdot 10^{19}$ g.

Die Gesamtmenge der Gase im Erdmantel beträgt $9{,}5 \cdot 10^{25}$ g, der Gasgehalt je cm^3 des Erdmantels 0,1 g. Wenn von der Annahme ausgegangen wird, daß bei Vulkanen mittlerer Größe der magmatische Herd einer Sphäre mit einem Radius von 1 km entspricht, ist es nicht schwierig, die Gasmenge zu berechnen, die aus diesem Volumen abgegeben werden kann. Für Wasserstoff beträgt sie $^4/_3 \pi R^3 \times 0{,}1 = 4{,}2 \cdot 10^{14}$ g $= 4{,}2 \cdot 10^8$ m^3. Diese Zahl stimmt gut mit der Gasmenge überein, die zum Beispiel vom Vesuv im Laufe eines Jahres ausgeworfen wird, nämlich $5 \cdot 10^8$ m^3. Somit widerspricht der angenommene Wert der Gasmenge im Erdmantel nicht den geologischen Fakten und kann in hinreichend zuverlässigen Grenzen bestimmt werden. Wenn dem so ist, dann kann unter der Annahme, daß die Gase in der Substanz des Mantels gleichmäßig gelöst sind und daß während der Existenz unseres Planeten die Entgasung ebenfalls gleichmäßig verlief, leicht die Gasmenge berechnet werden, die im Laufe eines Jahres aus dem Erdinnern ausgeschieden wird. A. P. WINOGRADOW hat berechnet, daß im Durchschnitt der Existenz der Erde, d. h. $5 \cdot 10^9$ Jahre, von der Gesamtmenge der im Erdmantel enthaltenen Gase ($9{,}5 \cdot 10^{25}$ g) ungefähr 10% entgast wurden, d. h. $9{,}5 \cdot 10^{24}$ g. Folglich wurden in einem Jahre durchschnittlich $1{,}9 \cdot 10^{15}$ g Gas ausgeschieden. Somit beträgt die spezifische Abgabe der Gase $6 \cdot 10^7$ g/s. Wie bereits festgestellt wurde, wurden beim Ausbruch des Vesuvs im Laufe eines Jahres $5 \cdot 10^8$ m^3 Gas ausgebracht; das sind $1{,}6 \cdot 10^7$ g/s.

Die erhaltenen Zahlen für die spezifische Gasabgabe stimmen somit größenordnungsmäßig überein. Die festgestellten Unterschiede zwischen den berechneten und den beobachteten Werten sind einerseits dadurch bedingt, daß die Entgasung in unterschiedlichen Teilen des Mantels offensichtlich ungleichmäßig vor sich geht; und andererseits dadurch, daß für den Vesuv nur die Gasmenge erfaßt wurde, die unmittelbar bei einer Eruption austrat. Die Gasmenge, die durch den Vulkan bei der fumarolen Tätigkeit ausgeschieden wurde, läßt sich nicht erfassen.

Schon diese groben Schätzungen bestätigen die außerordentlich wichtige Rolle der Gase bei Vulkanausbrüchen. Wir messen nun den Gasen und der Wärme, die durch die Gasströme übertragen werden, eine besonders große Bedeutung für den Bildungsmechanismus magmatischer

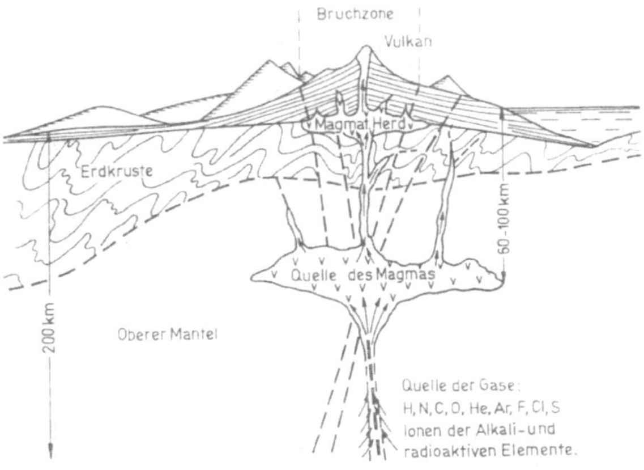

Abb. Bildungsschema des basischen Magmas

Durch die gestrichelte Linie sind die Brüche im Mantel und der Erdrinde angegeben. Durch Pfeile werden die vermuteten Ströme des glühenden Gases markiert, die zur Bildung des magmatischen Herdes (Quelle des Magmas) führen.

Herde zu. Aus dieser Position kann das Modell der Magmabildung folgendermaßen dargestellt werden:

Bei der Anlage großer Störungen — der Tiefenbrüche — in der Erdkruste und im Erdmantel beginnt in dieser Zone infolge plötzlicher Druckabnahme (nach den Berechnungen von M. V. GSOWSKIJ im Jahre 1960 bis 10 kbar) eine intensive Entgasung der Substanz des Mantels. Die Infiltration der Gase (hauptsächlich Wasserstoff) wird durch die hohe Durchlässigkeit in den Zonen der Tiefenbrüche bedeutend erleichtert, die durch zeitweilig auftretende Dehnungskräfte aufrechterhalten wird, denen diese Zonen ausgesetzt sind. Aus den benachbarten zerrütteten Gesteinen und dem Substrat des Erdmantels streben die Gase in die schwächsten Zonen — in die Bereiche, die einer maximalen Zerrung unterworfen sind, oder Kreuzungen großer Spalten (an sie sind gewöhnlich Gürtel des aktivsten Vulkanismus und des Tiefenmagmatismus gebunden). Die Bewegung der Gase zu diesen Bereichen ist offensichtlich mit einem bedeutenden Druckabfall verbunden, der, wie uns scheint, durch die Differenz zwischen dem hydrostatischen Druck in den Gesteinen des Mantels und der Erdkruste in ungestörten Bereichen und den zerrütteten Zonen der Tiefenbrüche entsteht. Der aus geophysikalischen Angaben ermittelte bemerkenswerte Vertikalgradient der Drücke im Erdmantel und der Erdkruste (ungefähr 270 bar/km) begünstigt ebenfalls diese Bewegung.

Bekanntlich liegen die magmatischen Herde rezenter, tätiger Vulkane der Kurilen-Kamtschatka-Gruppe in Tiefen von 60 bis 100 km. Wenn angenommen wird, daß Tiefenbrüche 200 km und tiefer (nach Angaben für Tiefenherdbeben) in den Mantel eindringen, muß dieses Niveau auch als Hauptquelle der Gasströme[1]) betrachtet werden. Die Temperatur der Substanz des Erdmantels und folglich auch die der Gase beträgt in einer Tiefe von 200 km ungefähr 1500 °C; die Temperatur im Niveau der magmatischen Herde liegt bei 1100—1200 °C.

Da die spezifische Gasabgabe je Flächeneinheit, ihre Wärmeaufnahmefähigkeit, die Temperatur- und Druckgradienten in verschiedenen Tiefen bekannt sind, da ferner die Dichte der Gesteine des Mantels in verschiedenen Niveaus sowie ihre Wärmeaufnahmefähigkeit, Wärmeleitfähigkeit und Schmelztemperatur bei bestimmten Drücken bekannt sind, kann offensichtlich bei einigen Annahmen die Entstehungstiefe der Herde und die für ihre Bildung erforderliche Zeit berechnet werden.

Vergleichen wir die erhaltenen Berechnungen mit den tatsächlichen Angaben. Nach vorläufigen Einschätzungen waren für die Bildung eines Herdes nach diesem Schema (in Form einer Sphäre mit einem Radius von 1 km) 1500 Jahre erforderlich. Diese Zahl stimmt gut mit der Dauer der Aktivität einzelner vulkanischer Apparate — etwa 10—15000 Jahre — überein. Die Lösung dieser Aufgabe ist unbedingt nötig, aber dazu ist die Hilfe von Spezialisten (Physikern)

[1]) Wenn die Herde in größeren Tiefen entstehen sollten, dann reichen natürlich die Tiefenbrüche tiefer in den Erdmantel hinab.

erforderlich. Es muß besonders hervorgehoben werden, daß sich nach unserer Annahme die wärmetragenden Gase nicht im neutralen, sondern im ionisierten Zustand befinden. Die Ionisierung unterstützt einerseits die hohen Werte der Drücke (in einer Tiefe von 200 km in der Größenordnung 50—55 kbar) und Temperaturen (etwa 1500 °C) und andererseits das Vorhandensein solch leichtionisierender Zusätze wie Natrium und Kalium sowie radioaktiver Substanzen, hauptsächlich Uran, Thorium, Kalium 40. Der Ionisierungsgrad seinerseits bestimmt die Mobilität der Gase und ihren aggressiven Charakter gegenüber der Substanz des Substrats des Erdmantels, dort wo die Bildung des Herdes vor sich geht. Dabei spielt nach Ansicht der Physiker in der Gesamtwärmebilanz der ionisierte Zustand der Gase keine entscheidende Rolle.[2])

Nebenerscheinungen, die Vulkanausbrüche (das Leuchten der Atmosphäre, elektrische Entladungen, Störungen der magnetischen Felder usw.) begleiten, sind recht leicht zu verstehen, wenn für ihre Erklärung die Einwirkung ionisierter Gase angenommen wird. Der Mechanismus dieser Prozesse kann wie folgt dargestellt werden:

Bekanntlich besitzen Silikatschmelzen eine Ionenleitfähigkeit mit sehr geringem elektrischem Widerstand, d. h., sie stellen wahrscheinlich eine leitende Flüssigkeit oder ein flüssiges Plasma dar. Falls diese Voraussetzung richtig ist, kann die Bewegung großer Massen silikatischer Schmelzen zur Oberfläche im Magnetfeld der Erde zeitweilige lokale Anomalien über den vulkanischen Anlagen oder eindringenden Intrusivkörpern hervorrufen. Beim Kontakt des Magmas mit der Atmosphäre oder beim Durchbruch der Gasströme in Bruchzonen können sie alle jene Erscheinungen hervorrufen, die oben angeführt wurden.

Diese Hypothese der Magmabildung, die man am besten als „Hypothese der Gasströme" bezeichnen könnte, wurde in ihren allgemeinsten Zügen dargelegt und erfordert noch eine große und mühselige Kleinarbeit, sowohl in theoretischer als auch in experimenteller Hinsicht. Ihre Veröffentlichung in dieser Form verfolgt das Ziel, die Aufmerksamkeit der Physiker auf sich zu ziehen, die helfen könnten, eine quantitative Einschätzung des vorgeschlagenen Bildungsmechanismus des Magmas zu geben.

Zugleich erlauben die Leitsätze der Hypothese, unserer Meinung nach, viele Gesetzmäßigkeiten der magmatischen Tätigkeit in verschiedenen geologischen Strukturen vom Zeitfaktor her zu erklären.[3])

Da ist vor allem der basaltoidische Charakter des Magmatismus in den Frühetappen der geosynklinalen Entwicklung und seine allmähliche Ablösung durch immer saurere und alkalischere Varietäten; das Erscheinen kaliumhaltiger Magmen (z. B. Trachyte, Trachyandesite) unter Tafelbedingungen usw. Solche Gesetzmäßigkeiten verbinden wir mit der vertikalen Migration der Magmenherdbildung entsprechend dem Wachstum der Erdkruste; das führt zu ihrer Verlagerung aus dem Mantel zuerst in die subkrustalen Gebiete und danach unmittelbar in die Rinde sowie zu einer Veränderung der thermodynamischen Bedingungen (Parameter p und T), die bestimmend für die Bildung der Zusammensetzung der Gasströme bei der Entgasung der Substanz des oberen Mantels sind. So sind zum Beispiel für die Ionisierung und folglich auch für die Mobilität des Natriums bestimmte p- und T-Werte erforderlich; für Kalium sind diese Werte niedriger. Das führt dazu, daß in den Anfangsetappen der Entwicklung von Geosynklinalen, die durch ein hohes energetisches Niveau charakterisiert werden, Kalium wegen seines geringeren Ionisationspotentials beweglicher als Natrium wird. Beim Fehlen oder bei unbedeutender Mächtigkeit der Erdkruste wird in dieser Zeit Kalium weggeführt, und die Magmen haben vorwiegend Natriumcharakter. Mit dem Wachstum der Kruste und folglich der Vergrößerung der p- und T-Werte in diesen Bereichen des Mantels werden die Bedingungen für die Ionisierung und die Beweglichkeit des Kaliums noch günstiger, was seine Abführung in die Sedimentgesteine der Erdrinde unterstützt. Diese werden damit einer Kaliummetasomatose unterworfen.

Gleichzeitig entstehen günstigere Bedingungen für Verhältnisse, in denen die Ionisierung und Mobilität des Natriums erhöht werden, das zusammen mit Kalium die sogenannten „intramagmatischen oder granitisierenden Lösungen" bildet. Zugleich entsteht mit der Vergrößerung der Mächtigkeit der Kruste ein origineller Schirm, der die Entfernung des Kaliums und des Natriums bei der Entgasung der Substanz des Mantels verhindert und ihre Konzentrierung in den subkrustalen Teilen und Ablagerungen der Erdrinde begünstigt. In den orogenen und stabilen Zonen der Kontinente, wo die Magmen offenbar hauptsächlich aus der Substanz der Rinde entstehen, treten zunächst Natrium-Kalium- und später im wesentlichen Kaliummagmen auf. Gleichzeitig vollzieht sich eine allgemeine Anreicherung der Magmen mit Alkalien. Wahrscheinlich kann auf diese Weise die Verglimmerung der Gesteine in den subkrustalen Teilen (nach Xenolithen in Kimberlitröhren) erklärt werden. Zweifellos verändert sich bei der Evolution von Geosynklinalen zu Tafeln auf den Niveaus, wo die magmatischen Herde entstehen, mit der Veränderung der Temperaturen und der Drücke auch der Charakter der chemischen Reaktionen, die die Bildung magmatischer Schmelzen begleiten und letztlich den Charakter der Differentiation des Magmas beeinflussen können.

[2]) Es ist nicht ausgeschlossen, daß es bei einem höheren Wissensstand über magnetische Erscheinungen, die die vulkanischen Prozesse begleiten, möglich sein wird, von einem Plasmazustand der Gasströme zu sprechen.

[3]) Der Autor spricht seine Meinung zu einer Frage aus, die Diskussionscharakter trägt.

Die Klassifikation geologischer Objekte mit Hilfe von Zeichenerkennungsprogrammen und Programmen der mehrfachen Regressionsanalyse

A. P. PETROW & M. M. ELLANSKIJ, UdSSR

Oft kann ein Gesteinsmerkmal nicht befriedigend mit Hilfe eines kontinuierlich veränderlichen Parameters beschrieben werden (z. B. Speichertyp usw.). In diesem Fall macht sich eine Klassifizierung der Objekte nach diesem betreffenden Merkmal notwendig. Ein gutes Beispiel für die Lösung derartiger Aufgaben liefern die Zeichenerkennungsprogramme (BONGARD u. a. 1965). Nachstehend werden einige Ergebnisse der am Moskauer Institut für petrolchemische und Gasindustrie laufenden Untersuchungen zur Klassifizierung geologischer Objekte diskutiert.

Eingang des Manuskripts in der Redaktion: 21. 4. 1969.

Kurze Mitteilung aus dem Institut für die petrolchemische und Gasindustrie, Moskau.

Gegenwärtig vergleicht der Geophysiker bei der Interpretation geophysikalischer Messungen häufig den Zusammenhang zwischen irgendwelchen Parametern der untersuchten Objekte. Wenn diese Zusammenhänge für Objekte unterschiedlicher Klassen unterschiedlich sind, können sie als Klassifizierungsmerkmale verwendet werden. Als Beispiele hierfür können angeführt werden:

der Zusammenhang zwischen den R_a-Werten verschiedener elektrischer Sonden für wasser- bzw. erdöl- oder erdgasführende Horizonte oder der Zusammenhang zwischen dem Neutron-Gamma-Meßwert und dem R_t-Wert für erdöl- und wasserführende Schichten (DACHNOW 1962).

Die Verwendung dieser und ähnlicher Zusammenhänge zur Lösung von Klassifizierungsaufgaben führt in der Praxis nicht immer zum Erfolg. Die Ursache hierfür liegt darin, daß erstens bei der Mehrzahl der Erfassung solcher Zusammenhänge nur zwei oder drei Parameter miteinander verknüpft werden, weshalb sich die Beziehungen oftmals „überschneiden", und daß zweitens häufig nur ein einzelner Zusammenhang untersucht wird.

Die hier vorgeschlagene Methode hat diese Nachteile nicht. Ihre Wirkungsweise sei kurz beschrieben.

Mit Hilfe der mehrfachen Regressionsanalyse (PETROW & ELLANSKIJ 1966; ELLANSKIJ & PETROW 1967) werden beliebige Zusammenhänge zwischen Parametern von Objekten einer Klasse untersucht. Im Ergebnis erhält man für jede Klasse mehrere Beziehungen. Einige von ihnen werden nur in „ihrer" Klasse Gültigkeit besitzen, können demnach zur Lösung von Klassifizierungsaufgaben herangezogen werden.

Man untersucht also, welcher Beziehung die Parameter des interessierenden Untersuchungsabschnitts genügen und ordnet auf dieser Grundlage das Objekt einer bestimmten Klasse zu. Eine Schwierigkeit bei der praktischen Anwendung dieser Verfahren besteht darin, daß einige Zusammenhänge universellen Charakter tragen, d. h. für viele Klassen gelten können. Außerdem kann die Notwendigkeit auftreten, logische Schlüsse der Art: „Wenn die Zusammenhänge A und B, aber nicht C und D gelten, dann gehört das Objekt zur ersten Klasse", usw. zu lösen.

Zum Auffinden von Regeln zur Klassifizierung geologischer Objekte an Hand der Beziehungen zwischen ihren Parametern wurde vorgeschlagen, Zeichenerkennungsprogramme zu verwenden. Zunächst werden die funktionellen Zusammenhänge zwischen den Ausgangsparametern der zu klassifizierenden Objekte gesucht. Danach erfolgt für jedes Objekt eine Kodierung in der Form, daß ihm für jeden gültigen Zusammenhang eine Eins zugeordnet wird; gilt hingegen eine Beziehung nicht, so ordnet man diesem Objekt eine Null zu. Die Gesamtheit der auf diese Weise kodierten Objekte dient als Lernmaterial für die Zeichenerkennungsprogramme. Zwei derartige Programme kamen zum Einsatz. Das erste wurde von BONGARD u. a. (1965) beschrieben. Es sortiert logische Funktionen von drei Variablen aus und nimmt dabei eine gewisse statistische Abwägung vor. Nachdem für jede Klasse von Objekten mehrere komplizierte Merkmale bestimmt wurden, wird die Lernphase abgeschlossen. Die Klassifizierung besteht darin, daß man die Zahl der „wahren" Merkmale für den jeweiligen Untersuchungsabschnitt bestimmt. Mit Hilfe des zweiten Programms wurden kompliziertere logische Funktionen mit einer beliebigen Anzahl von Variablen aussortiert.

Zum gegenwärtigen Zeitpunkt sind mit Hilfe der beschriebenen Methode eine Klassifizierung in zwei Klassen (wasser- und erdölführende Schichten) an Hand geophysikalischer Bohrlochmessungen und eine Klassifizierung in drei Klassen (wasser-, erdöl- und erdgasführende Schichten) an Hand von Gasmessungsergebnissen möglich. Dabei erwies sich die beschriebene Methode als sehr effektiv.

Die Klassifizierung nach Wasser-, Erdöl- und Erdgasführung erfolgte an 400 Objekten. Für ein jedes waren 12 Parameter bekannt: das Gesamtgasvolumen in der Probe, die prozentualen Anteile der Fraktionen von Wasserstoff bis C_6H_{14}, Bohrlochdurchmesser und einige andere. Es wurden acht funktionelle Zusammenhänge zwischen diesen Parametern ermittelt; davon vier für gasführende, drei für ölführende und einer für wasserführende Schichten. Anschließend konnte mit Hilfe der erwähnten Zeichenerkennungsprogramme die Klassifizierung vorgenommen werden. Dabei wurde eine Effektivität von etwa 90% erreicht.

Interessant ist noch folgendes Beispiel. In einem komplizierten Fall, in dem durch manuelle Auswertung keine befriedigenden Ergebnisse erzielt werden konnten, wurde eine Unterteilung in erdöl- und wasserführende Schichten auf Grund geophysikalischer Bohrlochmessungen vorgenommen. Mit Hilfe des von BONGARD u. a. (1965) beschriebenen Verfahrens wurde eine Effektivität von 75% erreicht, während mit der hier beschriebenen Methode in 89% der Fälle richtige Ergebnisse erzielt werden konnten.

Literatur

BONGARD, M. M., M. N. WAINZWAIG, SCH. A. GUBERMAN, M. L. ISWEKOWA & M. S. SMIRNOW: Erfahrungen bei der Anwendung selbstlernender Programme zur Ausgliederung erdölführender Schichten. – Seminarmaterialien des Instituts für Automatik und Telemechanik Akad. Wiss. UdSSR, Moskau 1965.

DACHNOW, W. N.: Interpretation geophysikalischer Bohrlochmessungen. – Verl. Gostoptechisdat, Moskau 1962.

ELLANSKIJ, M. M., & A. P. PETROW: Die indirekte Abschätzung geologischer Parameter aus geophysikalischen Bohrlochmesssungen mit der mehrfachen Regressionsanalyse. – Z. angew. Geol., 13, 4, 220–223, Berlin 1967.

PETROW, A. P., & M. M. ELLANSKIJ: Die Anwendung der Methode der kleinsten Quadrate bei der Untersuchung komplizierter Zusammenhänge zwischen Gesteinseigenschaften und geophysikalischen Parametern. – Sammelbd. Nr. 62, MINCHiGP, Verl. Nedra, Moskau 1966.

Zur Problematik von objektiven Reflexionsmessungen

I. Prüfungsmöglichkeiten der Standardoberflächen

BALDER PREUSS, Freiberg (Sa.)

(Bergakademie Freiberg, Sektion Geowissenschaften, Lehrstuhl für Geologie von Erdöl, Erdgas und Kohlen; Sektionsveröffentlichung Nr. 55)

Objektive Reflexionsmessungen gewannen in letzter Zeit auf kohlenpetrologischem Gebiet und für die Prospektion auf flüssige und gasförmige Kohlenwasserstoffe zunehmend an Bedeutung (z. B. TEICHMÜLLER 1965; ALPERN 1969). Die niedrigen Reflexionswerte der Steinkohlen (KÖTTER 1960) und besonders die sehr geringe Reflektanz der Braunkohlen (SOÓS 1964) stellen jedoch an die gesamte Meßapparatur und darüber hinaus auch an die Eichnormale extrem hohe Anforderungen. Das bezieht sich nicht allein auf die genaue Kenntnis der optischen Daten der Standards, z. B. auf die Dispersion und die daraus errechneten Eichwerte in Luft bzw. unter Öl. Objektive Reflexionsmessungen an Kohlen und anderen organischen Substanzen stellen vielmehr und in besonderem Maße an die Oberflächen der prismatisch geschliffenen (Abb. 1) Standards (KÖTTER 1960) höchste Anforderungen. Darauf wurde bisher kaum nachdrücklich hingewiesen. Bei Kohlenpetrologen weitgehend unbekannt sind auch Möglichkeiten, wie die Oberflächenbeschaffenheit der Standards geprüft werden kann. Wiederholt wurde zweifelsfrei nachgewiesen, daß die Ursachen für Abweichungen des errechneten Eichwertes vom tatsächlichen ihren Grund in einer mangelhaften Oberflächengüte hatten (DE VRIES u. a. 1968). Die Ausbildung der Standardoberfläche mit üblichem, mikroskopischem Zubehör möglichst genau prü-

Eingang des Manuskripts in der Redaktion: 23. 7. 1969.

fen zu können, dürfte deshalb unter anderem nach wiederholtem Schleifen und Polieren von besonderem Interesse sein.

Dem Problem der Untersuchung polierter Glasoberflächen wurde in der Vergangenheit von seiten der Optik selbstverständlich größte Beachtung geschenkt. Dabei fanden jedoch meist komplizierte Geräte und Apparaturen Anwendung, die entweder nicht ohne weiteres beschaffbar oder herzustellen sind. Siehe hierzu die grundlegenden Arbeiten von DÉVÉ 1924; URBANEK 1930; HABERLAND, NEUBERT & WERNER 1936; HUNTER 1936; GELBKE 1941; LOOS, KLEMM & SMEKAL 1941; MOTZ 1942 u. a.

Deshalb bestand die Aufgabe der vorzunehmenden Untersuchungen unter anderem darin, Geräte bzw. mikroskopische Zubehörteile zur Oberflächenprüfung der Reflexionsstandards anzuwenden, die nicht wesentlich außerhalb des Rahmens eines guteingerichteten, kohlenpetrologischen Laboratoriums liegen. Auf diese Weise sind die mitzuteilenden Verfahren jederzeit wiederholbar und dienen somit unmittelbaren, praktischen Erfordernissen.

Aus kohlenpetrologischer Sicht können die an den Eichsubstanzen für Reflexionsmessungen vorkommenden Oberflächenfehler in drei Gruppen unterteilt werden. Es sind das: a) Ebenheitsfehler, b) Schleif- und Polierfehler, c) Entgelungserscheinungen.

Unter Ebenheits- oder Planitätsfehlern werden konkave bzw. konvexe oder wellenartige Ausbildungen der Oberfläche verstanden.

Schleif- und Polierfehler sind insgesamt verschiedenartige Oberflächenvertiefungen, die z. B. auf mangelhaftes Feinschleifen mit anschließender Politur zurückgehen (zahlreiche körnige Vertiefungen, Schleifspuren), auf Verunreinigungen im Poliermittel oder auf Unsauberkeiten beim Polieren beruhen (Polierkratzer).

Entgelungserscheinungen sind — soweit bekannt — auf Standards aus hochbrechenden Schwerflintgläsern beschränkt, deren Säurefestigkeit äußerst geringe Werte besitzt. Infolge „Berührung mit Feuchtigkeit, namentlich durch Einwirkung selbst schwacher Säuren (z. B. Schweiß), entstehen auf säureempfindlichen Gläsern irisierende, metallisch glänzende Flecken. Diese Fleckfarben (Interferenzfarben dünner Blättchen) werden von dünnen, kieselsäurereichen Gelschichten erzeugt, die nach Entfernung der säurelöslichen Bestandteile auf der Glasoberfläche verbleiben."[1]) Derartige Oberflächenmängel sind erfahrungsgemäß nur

[1]) Liste 8686 des VEB Jenaer Glaswerk, Schott & Gen., Jena, S. 5.

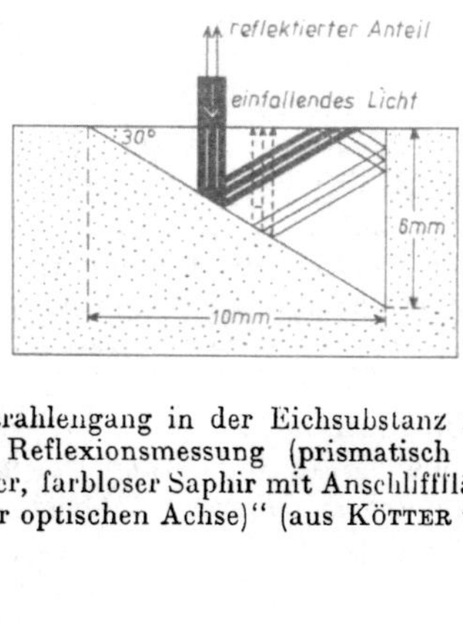

Abb. 1. „Strahlengang in der Eichsubstanz für die photoelektrische Reflexionsmessung (prismatisch geschnittener, synthetischer, farbloser Saphir mit Anschliffläche senkrecht zur optischen Achse)" (aus KÖTTER 1960)

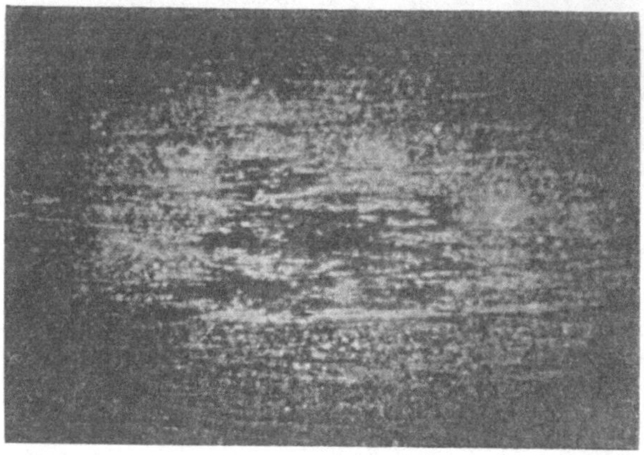

Abb. 2. Entgelungserscheinungen auf Eichprisma aus hochbrechendem Schwerflintglas; Ortholux-Mikroskop, Auflicht-Dunkelfeld, V_P ca. 150×

durch erneutes Schleifen und Polieren zu beseitigen; sowohl vier der sechs BERRY-Standards (s. u.) als auch Prismen aus Schwerflintglas des VEB Jenaer Glaswerk Schott & Gen., Jena, (s. u.) zeigten diese Erscheinungen (Abb. 2), die naturgemäß auf unterschiedliche Ursachen zurückgehen können.

DE VRIES u. a. (1968, S. 16) erwähnen z. B. ein Eichglas (Fa. Bausch & Lomb, USA, Typ 915213) mit einem graphisch ermittelten Brechungsindex (bezogen auf 530 nm) von 1,930, das durch atmosphärische Einflüsse Oberflächenschäden erlitten habe. Obwohl Standards der Glassorte SFS 1 des VEB Jenaer Glaswerk Schott & Gen., Jena, ähnliche Brechungsindizes aufweisen (n_e 1,9332) und als äußerst oberflächenempfindlich gelten (Hydrolyseklasse 1, Säurefestigkeitsklasse 5), konnten daran in üblicher Laboratmosphäre bisher noch keine Oberflächenschädigungen festgestellt werden.

Bei der Anfertigung von Reflexionsstandards aus Gläsern sollte ferner deren „Wetterfestigkeit" berücksichtigt werden, worunter prinzipiell die mehr oder weniger große Widerstandsfähigkeit gegen Wasser zu verstehen ist. Diese Eigenschaft einiger Gläser kann sich beim wiederholten Säubern der Glasstandards, auch z. B. mit oberflächenentspanntem, destilliertem Wasser, nachteilig auswirken.

Im Rahmen von Untersuchungen zur Verbesserung der Reflexionsmethodik erwiesen sich folgende Verfahren zur Prüfung der Oberflächenbeschaffenheit als zweckmäßig:

I. Makroskopische Verfahren

1. Betrachtung mit unbewaffnetem Auge,
2. Lupenbetrachtung,
3. Prüfung mit Planglasplatten.

II. Mikroskopische Verfahren

1. Auflicht-Dunkelfeld,
2. Auflicht-Phasenkontrast,
3. Auflicht-Interferenz.

Nach den bisher vorliegenden Erfahrungen gelingt es lediglich bei Anwendung des Auflicht-Interferenz-Verfahrens, sämtliche drei Gruppen von Oberflächenfehlern quantitativ zu erfassen. Vom Prinzip ihrer

Durchführung her eignen sich die anderen Methoden lediglich zur Indikation einer oder einiger Fehlergruppen.

Zu I. 1.: Betrachtung der Standardoberfläche mit unbewaffnetem Auge

Erfahrene Glasschleifer prüfen auch heute noch ebene Glasflächen zunächst durch Betrachtung mit bloßem Auge. Dabei wird so vorgegangen, daß man gerade Kanten, wie etwa ein Fensterkreuz oder ähnliches, von der Oberfläche reflektieren läßt. Auf diese Weise sind bereits geringfügige Vertiefungen in der Oberfläche, d. h. Überreste fehlerhaften Schleifens, sowie eventuelle Entgelungserscheinungen deutlich zu bemerken. Wird der Prüfling während der Untersuchung etwas gedreht, gelingt es mühelos, evtl. vorhandene, größere Polierkratzer festzustellen. Ferner kann mit diesem Verfahren ermittelt werden, ob die Standardoberfläche relativ stark konvex oder konkav ausgebildet und damit für Reflexionszwecke unbrauchbar ist.

Befindet sich der Prüfling vor dunklem Hintergrund und wird seine Oberfläche mit einer leuchtstarken Lichtquelle schräg beleuchtet, sind infolge der Lichtbrechung an den Rändern der Schleif- und Polierkratzer diese Oberflächenfehler besonders eindrucksvoll festzustellen; sie erscheinen dann hell (BRANDT 1937).

Zu I. 2.: Lupenbetrachtung

Bei Untersuchung der Standardoberfläche mit einer ca. 10fach vergrößernden Lupe guter Qualität sind gegebenenfalls feinere Oberflächenfehler bemerkbar. Auch dieses Verfahren wird heute noch von geübten Glasschleifern ständig mit Erfolg angewendet. Die unter I. 1. genannten Oberflächenfehler sind dabei besonders deutlich zu sehen. Außerdem können kleinere Polierkratzer ermittelt werden, die sich beim Arbeiten mit Immersionsobjektiven als nachteilig herausstellen. Infolge des kleineren Gesichtsfelds gelingt es kaum, die gesamte Standardoberfläche auf ihre Planität zu prüfen (GELBKE 1941).

Zu I. 3.: Glasplanplatten

Das empfindlichste makroskopische Prüfverfahren zur Feststellung der Ebenheit von Reflexionsstandards besteht im Auflegen von Glasplanplatten. Hierunter sind zylindrische Glaskörper von unterschiedlichen Abmessungen zu verstehen (Glasplanplatten des VEB Carl Zeiss Jena: Durchmesser 40 und 60 mm, Dicke 11 und 15 mm), deren Unebenheit höchstens 0,1 bis 0,2 μm

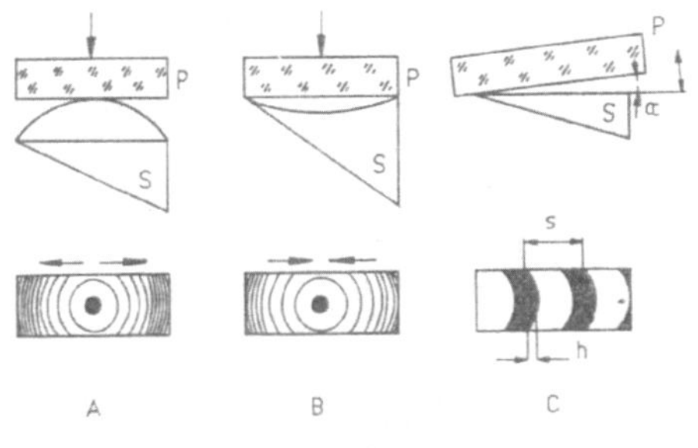

Abb. 3. Anwendungsbeispiele für Glasplanplatten. Die waagerechten Pfeile geben die Richtungen an, in die die Interferenzstreifen bei senkrecht ausgeübtem Druck (Pfeile) auswandern.

P – Glasplanplatte, S – Standard. Weitere Erläuterungen siehe Text (nach Druckschrift 24–115 d–1 des VEB Carl Zeiss Jena)

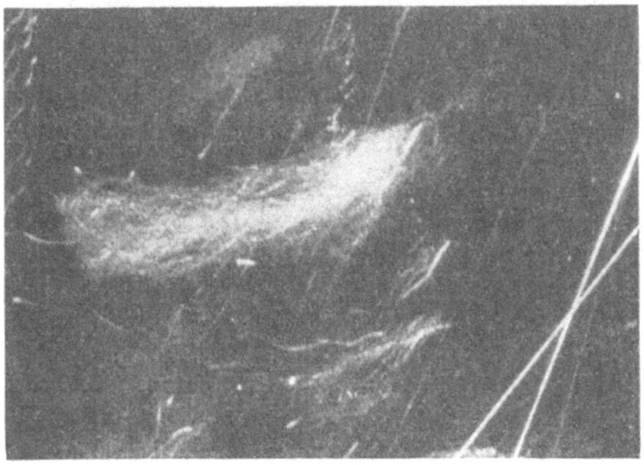

Abb. 4. Oberflächenfehler eines Reflexionsstandards; Ortholux-Mikroskop, Auflicht-Dunkelfeld, V_P ca. 300×

beträgt. Wird die Prüfplatte unter leichtem Druck auf die mit Äther, Leichtbenzin oder Spiritus gesäuberte Standardmeßfläche aufgeschoben und um einen kleinen Betrag gekippt, zeigen sich Interferenzstreifen, sofern die Oberflächenunebenheit nur innerhalb weniger tausendstel Millimeter liegt. Zur Beurteilung der Planität des Prüflings ist es vorteilhaft, nacheinander Interferenzstreifen zu erzeugen, die rechtwinklig zueinander verlaufen. Flächen höchster Güte und Planität haften beim gegenseitigen Verschieben fest, sie sind „aufgesprengt" und zeigen keine Interferenzstreifen mehr. Ein solcher Zustand ohne Interferenzstreifen wird als sogenannte „Weiß-" oder „Nullpasse" bezeichnet.

Das Auswerten der Interferenzerscheinungen geschieht in der Weise (Abb. 3), daß einem Streifenabstand „s" — das ist der Mittenabstand zweier benachbarter, gleichfarbiger Interferenzstreifen — ein Höhenunterschied der Niveauebenen an der Prüflingsfläche von $\lambda/2$ entspricht. Unter Tageslichtbedingungen kann dieser Wert, entsprechend dem mittleren Gebiet des sichtbaren Spektrums, etwa mit 0,3 μm angenommen werden. Hinsichtlich weiterer Beziehungen und Auswertungen wird auf die einschlägige Fachliteratur sowie auf Prospekt 24–115 d–1 des VEB Carl Zeiss Jena verwiesen.

Mit diesem Prüfverfahren kann exakt festgestellt werden, ob die Meßfläche eines Standards eben, um welche Beträge sie konkav bzw. konvex ausgebildet ist oder ob z. B. eine Seite oder Ecke des Standards um geringste Beträge unter dem Niveau der übrigen Oberfläche liegt. Als vorteilhaft erwies sich die Betrachtung dieses Phänomens sowohl bei angenähert monochromatischem Licht (Leuchtstoffröhre) als auch bei streng monochromatischer Beleuchtung (etwa mit einer Halogenleuchte, gelbem Licht, ca. 580 nm). Besondere Vorteile bei der Auswertung bietet die Verwendung eines Stereomikroskops.

Polierschrammen sind allerdings mit diesem sonst sehr empfindlichen, makroskopischen Verfahren nur dann quantitativ feststellbar, wenn sie beträchtlichere Ausmaße annehmen, so daß die Interferenzstreifen dadurch ausgelenkt werden.

Zu II. 1.: Auflicht-Dunkelfeld

Untersuchungen im Auflicht-Dunkelfeld zeigen bereits mit relativ schwach vergrößernden Objektiven (etwa dem UO 11 der Fa. Leitz, Wetzlar) sämtliche eventuellen Schleif- und Polierkratzer in den Standardoberflächen. Vom Prinzip des Verfahrens her eignet es sich allerdings nicht zur Prüfung der Ebenheit. Sämtliche Oberflächenbeschädigungen, Polierschrammen oder Ränder von Ausbrüchen in der Oberfläche, entstanden etwa bei unvorsichtigen Berührungen der Fassung der Objektivfrontlinse mit der Standardoberfläche, sowie Entgelungserscheinungen treten im sonst dunklen Gesichtsfeld hell hervor (Abb. 4) und können hinsichtlich Länge und Breite quantitativ ausgewertet werden.

Zu II. 2.: Auflicht-Phasenkontrast

Dieses Untersuchungsverfahren gestattet die Erkennung selbst kleinster Polierkratzer und geringster Oberflächenvertiefungen, die bei Betrachtung mit Ölimmersionsobjektiven kaum wahrzunehmen sind (Abb. 5). Länge und Breite von Schleif- und Polierkratzern können ebenso gemessen werden wie gelegentliche Entgelungserscheinungen an Schwerflintgläsern. Diese Untersuchungsmethode erlaubt keine Prüfungen hinsichtlich der Planität der Standardoberflächen.

Zu II. 3.: Auflicht-Interferenz

Geringste Planitätsabweichungen der Standardoberflächen sowie Länge, Breite und Tiefe von Polierkratzern und Ausbrüchen können sehr vorteilhaft mit Hilfe von mikroskopischen Interferenzuntersuchungen vorgenommen werden (APPELT 1959; HAUSER 1960), z. B. mit dem Interferenzansatz für Auflichtmikroskope des VEB Carl Zeiss Jena. Das Verfahren ist prinzipiell das gleiche, wie vorstehend bei den Glasplanplatten angeführt, jedoch bedeutend empfindlicher (Abb. 6).

Genaueste Bestimmungen der Oberflächenbeschaffenheit von Reflexionsstandards wären mit Hilfe eines Interferenzkomparators möglich (Abweichungen der Planität bis 0,03 μm meßbar). Ein solches Gerät stand für die vorgenommenen Untersuchungen nicht zur Verfügung, es wird lediglich aus Gründen einer gewissen Vollständigkeit angeführt.

Die bisher gewonnenen Erfahrungen über die Eignung der verschiedenen Prüfverfahren und ihre besonderen Aussagemöglichkeiten sind in der Tab. zusammengestellt.

Tabelle

	Aussagen		geeignet zur Feststellung von		
	qualitativ	quantitativ	Planität	Kratzern	Entgelungen
Auge	×		(×)	(×)	(×)
Lupe	×			×	×
Planplatte		×	×	(×)	(×)
Dunkelfeld	×	×		×	×
Phasenkontrast	×			×	×
Interferenzansatz		×	×	×	×

Ergebnisse

Mit den erwähnten Prüfverfahren wurden bisher untersucht:

1. Leukosaphir (Hersteller unbekannt, geschliffen in Idar-Oberstein), eingebettet in geschwärztes Kunstharz;

2. sechs Standards (Gläser der Fa. Bausch & Lomb, USA; geschliffen im Bituminous Coal Research, Monroeville/Penns.), zur Verfügung gestellt von den Herren Dr. BERRY und Dr. HARRISON für Vergleichszwecke innerhalb der International Commission for Coal Petrology, ICCP, eingebettet in geschwärztes Kunstharz;

3. Eichprismen aus den Glassorten SF 4, SF 6, SF 11, SFS 1 (hergestellt und geschliffen im VEB Jenaer Glaswerk Schott & Gen., Jena), nicht eingebettet.

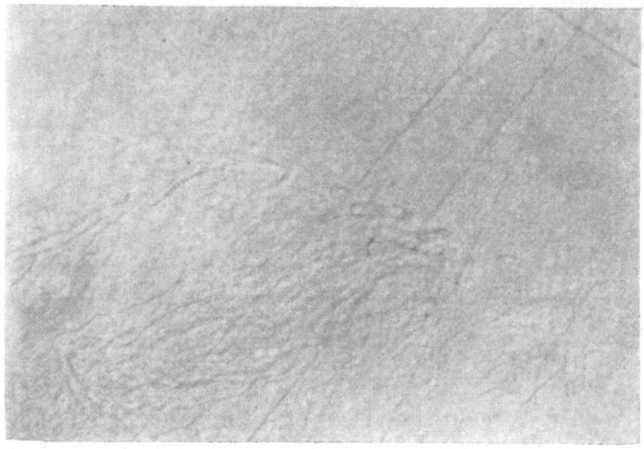

Abb. 5. Oberflächenfehler eines Reflexionsstandards; Ortholux-Mikroskop, Auflicht-Phasenkontrast, V_P ca. 250×

Die Oberflächenqualität des Leukosaphirs genügte hohen Ansprüchen am wenigsten. Seine Oberfläche zeigte zahlreiche flächenhafte Vertiefungen und Polier-„Wischer" (Abb. 4, 5, 6), etwa halbkreisförmig gebogene, büschelartig divergierende Gebilde. Im Bereich der Kanten läßt die Planität zu wünschen übrig. Unter Berücksichtigung aller Umstände können diese offensichtlichen Mängel nur aus Handherstellung resultieren. Weiterhin befindet sich jetzt, nach etwa einjährigem Gebrauch, der größte Teil der Meßfläche unter dem Niveau des Einbettungsmittels, so daß eine Prüfung mit Glasplanplatten nicht möglich war. Die Oberflächenuntersuchung geschah deshalb mit dem erwähnten mikroskopischen Interferenzansatz.

Fast sämtliche sechs Standards der ICCP wiesen bei Untersuchungen mit dem Interferenzansatz gute Oberflächenbeschaffenheiten auf. Bei Prüfung mit Glasplanplatten mußte jedoch festgestellt werden, daß die Einbettungsmasse gegenüber den Standardoberflächen in einem geringfügig niedrigeren Niveau lag (Abb. 7).

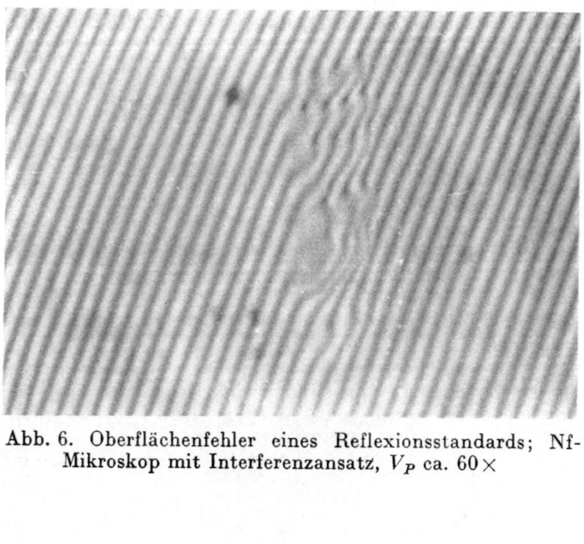

Abb. 6. Oberflächenfehler eines Reflexionsstandards; Nf-Mikroskop mit Interferenzansatz, V_P ca. 60×

Dieser Umstand kann sehr wahrscheinlich auf den Poliervorgang zurückzuführen sein.

Unter Berücksichtigung dieser Untersuchungsergebnisse ließ sich Verf. Eichprismen aus Gläsern mit unterschiedlichen Brechungsindizes herstellen (s. o.). Die Ankathete beträgt hierbei 15 mm, die Gegenkathete 25 mm, Breite: 15 mm. Bei der Anfertigung wurde weniger Wert auf sekundengenaue Einhaltung der Winkeltreue (90°, 60°, 30°) als vielmehr auf beste Beschaffenheit der Meßfläche gelegt. Diese Standards wurden nicht eingebettet, um jederzeit Oberflächenprüfungen zugänglich zu sein.

Im Entwurf „Reflexionsmessungen" für die 3. Ausgabe des Internationalen Lexikons für Kohlenpetrologie wird empfohlen, die Reflexionsstandards mit schwarzer Einbettungsmasse zu umgeben, um von ihr Streulicht absorbieren zu lassen. Dabei besteht jedoch die Gefahr, daß z. B. an der Unterseite des Primas bzw. der Prismen keine vollständig luftfreie Verbindung zwischen der Einbettungsmasse und der Eichsubstanz besteht.

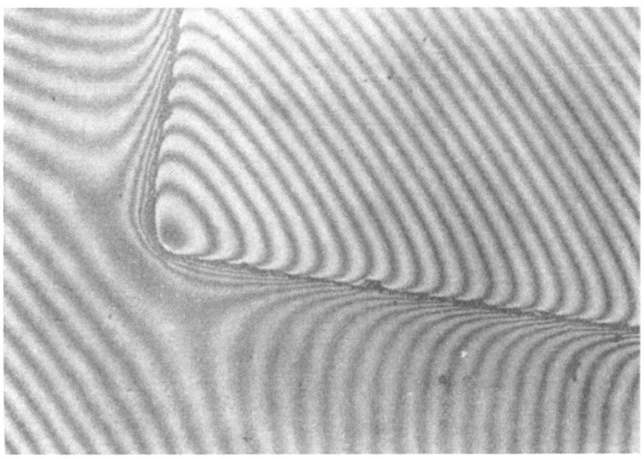

Abb. 7. Fehlerfreie Partie eines Reflexionsstandards mit Einbettungsmasse; Nf-Mikroskop mit Interferenzansatz, V_P ca. 60×

Außerdem ist die Möglichkeit der Veränderung der Einbettungsmasse zu berücksichtigen. In allen diesen Fällen sind jedoch die an einen Reflexionsstandard zu stellenden optischen Forderungen nicht mehr voll erfüllt. Weiterhin können an den senkrechten Flächen der Standards (Trennfläche Glas/Einbettungsmittel) Flüssigkeiten eindringen, die geringere Viskositäten besitzen als Immersionsöl (z. B. Benzol, Leichtbenzin, oberflächenentspanntes, destilliertes Wasser usw.). Nach Trocknung der Standardoberfläche dringen diese Flüssigkeiten infolge ihres Kapillardrucks nach oben und breiten sich längs der Ränder des Standards oder auf dessen Oberfläche aus.

Diese und weitere Unannehmlichkeiten werden vermieden, wenn die Standards nicht mit schwarzen Einbettungsmassen umgeben, sondern seitlich und an der Unterfläche mit mattschwarzem Optiklack (Spirituslack o. ä.) überzogen werden. Im Staatlichen Standard der UdSSR, GOST 12113—66, Gruppe A 19, heißt es dazu: „... als Vergleichsprobe verwendet man einen Anschliff aus Bergkristall (für Reflexionsmessungen in Luft) bzw. aus optischem Glas (für Reflexionsmessungen

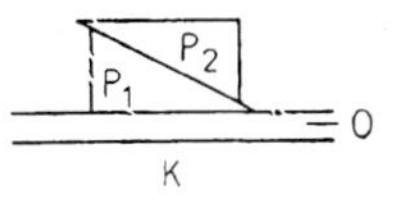

Abb. 8. Prismenkombination zur Erzielung einer zum Kreuztisch parallel ausgerichteten Standardmeßfläche
K — Kreuztisch, O — Objektträger, P_1 — Schwarzglasprisma, P_2 — Meßprisma

unter Öl, d. Verf.), dessen Grundlage und Seiten mit undurchsichtigem, schwarzem Lack überzogen werden, um den Einfluß des direkten Lichtes zu verhindern".

In diesem Zustand kann der Standard z. B. mit Plasteline auf einem Objektträger befestigt werden. Hierzu ist jedoch zu bemerken, daß die verfügbar gewesene Plasteline sogenannte Kriechzeiten bis zu etwa 60 Min. aufwies. Zur Vermeidung dieser Kriechzeiten, die stets geringfügige Lageänderungen der Standardoberfläche mit sich bringen, kann die Eichsubstanz mit Kanadabalsam auf einem Objektträger befestigt werden. Berücksichtigt man ferner die herstellungsmäßig bedingten Ungenauigkeiten, die selbst Andruckpressen mit Doppelführung aufweisen, weiterhin, daß keine Objektivfrontlinse und kein Kreuztisch exakt waagerechte Flächen darstellen, wird man nicht erwarten dürfen, daß zwischen der Objektivfrontlinse und dem Reflexionsstandard optisch genaue Planparallelität besteht.

Wird dennoch auf optische Parallelität der Objektivfrontlinse zur Standardoberfläche Wert gelegt, könnte z. B. folgende Anordnung vorteilhaft angewendet werden: Auf einen geschliffenen und polierten Objektträger wird ein Schwarzglasprisma (Glassorte UG 8, VEB Jenaer Glaswerk Schott & Gen., Jena) mit der „Meßfläche" aufgesprengt. Auf dessen Hypothenuse wird ein zweites Prisma, der eigentliche Reflexionsstandard, aufgesprengt (Abb. 8). In diesem Fall besteht Gewähr dafür, daß die Standardmeßfläche zum Kreuztisch optisch parallel liegt. Nunmehr müßten die Seitenflächen noch mit mattschwarzem Lack überzogen werden (s. o.). Ob allerdings nach diesen Vorbereitungen die angestrebte, Parallelität zwischen Objektivfrontlinse und Standardoberfläche besteht, hängt von den vorerwähnten Faktoren ab und ist von Fall zu Fall festzustellen.

Dem Deutschen Amt für Meßwesen und Warenprüfung der DDR, Abteilung Optik, Berlin, wird ebenso für entgegenkommende Unterstützung gedankt wie der Abteilung wissenschaftlich-technischer Kundendienst des VEB Carl Zeiss Jena.

Zusammenfassung

Objektive Reflexionsmessungen für kohlenpetrologische Belange bzw. für die Prospektion auf flüssige und gasförmige Kohlenwasserstoffe stellen besonders an die Oberflächen der verwendeten Eichnormale (Prismen aus Gläsern, Leukosaphiren) höchste Anforderungen. Deshalb wurden mehrere makroskopische und mikroskopische Verfahren zur Oberflächenprüfung untersucht und kritisch bewertet.

Nach bisherigen Empfehlungen sollten Reflexionsstandards für die obenangeführten Belange in geschwärztes Kunstharz eingebettet werden. Bei genaueren Oberflächenuntersuchungen dieser Standards ergaben sich hieraus jedoch mehrere Nachteile. Diese sind vermeidbar, wenn die Reflexionsstandards nicht eingebettet, sondern mit mattschwarzem Lack überzogen und anstatt mit Plasteline mit Kanadabalsam auf Objektträgern befestigt werden. Es wird erörtert, wie prismatisch geformte Reflexionsstandards exakt parallel zum Kreuztisch auszurichten sind.

Резюме

Объективные измерения отражательной способности для нужд петрологии углей или для поисков жидких и газообразных углеводородов предъявляют наивысшие

Zeitschrift für angewandte Geologie, Bd. 15 (1969), Heft 11

требования особенно к поверхностям использованных калибровочных нормалей (призмы из стекол, лейкосапфиры). Поэтому несколько макроскопических и микроскопических методов проверки поверхностей подверглись исследованию и критической оценке.

По данным до сих пор рекомендациям стандарты отражательной способности для вышеуказанных нужд надо былобызакреплять в черненную синтетическую смолу. Однако, при более точных исследованиях поверхности этих стандартов из этого получилось несколько недостатков. Их можно избежать, если отражательные стандарты не закрепляются, а перекрываются матово-черным лаком и укрепляются на предметных стеклах не пластилином, а канадским бальзамом. Обсуждается, как отражательные стандарты призматической формы установить точно параллельно к крестовообразному столику.

Summary

The most exacting demands must be satisfied in particular by surfaces of calibrating standards (glass prisms, leucosapphires) used in objective reflection measurements for coal-petrological purposes, and in the prospection for liquid and gaseous hydrocarbons respectively. Therefore several macroscopic and microscopic methods for testing surfaces were investigated and evaluated critically.

So far it has been recommended that reflection standards for the above-mentioned purposes should be embedded in blackened synthetic resin. However, several disadvantages were found when testing the surfaces of these standards more accurately. They can be avoided provided reflection standards are not embedded, but are coated with dead black varnish and are fixed on object holders by means of Canada balm instead of plastiline. The question is discussed of how to adjust prismatically shaped reflection standards parallel to the mechanical stage.

Literatur

ALPERN, B.: Über einige geologische Anwendungen des Reflexionsvermögens der Kohlen. – Freiberger Forsch.-H., C 235 (1969).

APPELT, H.: Einführung in die mikroskopischen Untersuchungsmethoden. – Akad. Verl.-Ges., Leipzig, 4. Aufl., Leipzig 1959.

BRANDT, H. M.: Die Veränderung der Oberfläche eines Glases durch Schleifen und Polieren. – Mitt. Opt. Inst. Techn. Hochsch. Berlin, 1–115, Berlin 1937.

DÉVÉ, C.: Etude cinématique du travail des surfaces optiques. – Rev. d'Opt., 3, 108–126, 157–174, 257–269, 334–341 (1924).

FREYTAG, H.: Messung des Glanzes von Glasoberflächen. – Glastechn. Ber., 20, 142–146 (1942).

GELBKE, E.: Die Untersuchung großer polierter Glasoberflächen. – Zeiss-Nachr., 4, 89–91, Jena 1941.

HABERLAND, U., P. NEUBERT & M. WERNER: Vergleichende Prüfung von Metalloxyden auf ihre Polierwirkung. – Glastechn. Ber., 14, 60–66 (1936).

HANKE, E.: Prüfung metallischer Werkstoffe, Kap. Oberflächenprüfungen. – Bd. 2, 2. Aufl. VEB dt. Verl. f. Grundstoffind., S. 24ff., Leipzig 1960.

HAUSER, F.: Das Arbeiten mit auffallendem Licht in der Mikroskopie. – Akad. Verl.-Ges., Leipzig, 2. Aufl., Leipzig 1960.

HUNTER, R. S.: Glass investigations using reflected images of a targed pattern. – Journ. opt. soc. Am., 26, S. 190ff. (1936).

JENTZSCH, F.: Der Grenzwinkel der regulären Reflexion (Ein Maß für den optischen Zustand einer Oberfläche). – Z. Techn. Phys., 7, 310–312 (1926).

KLEMM, W.: Zum Poliervorgang an spröden Körpern. – Glastechn. Ber. 1942, 20, 346–347 (1942).

KÖTTER, K.: Die mikroskopische Reflexionsmessung mit dem Photomultiplier und ihre Anwendung auf die Kohlenuntersuchung. – Brennstoff-Chemie, 41, 9, 263–272 (1960).

LOOS, W., W. KLEMM & A. SMEKAL: Anwendung der Phasenkontrastmikroskopie auf Modellversuche zum Poliervorgang an Gläsern. – Naturwiss., 29, 769–770 (1941).

MOTZ, L.: On the nature of a polished surface. – Journ. opt. soc. Am., t. 32, 1942, P. 147 (1942).

SOÓS, L.: Eine objektive Methode zur Bestimmung der Reflexion der Mikroopakmineralien und Gesteinsgemengteile. – Acta Geol., Tom VIII, 3–18, Budapest 1964.

TEICHMÜLLER, M., & R.: Inkohlungsuntersuchungen im Dienst der angewandten Geologie. – Freiberger Forsch.-H., C 210, 155–195 (1966) (Vortrag, gehalten zum Berg- und Hüttenmännischen Tag, 1965).

TOLANSKY, S.: Topography of a quartz crystal face. – Nature, 153, 195 bis 196 (1944).

URBANEK, J.: Sur la diffusion de la lumière par les surfaces polies. – C. R. 190, 862–864 (1930).

VRIES, H. A. W. DE, P. J. HABETS & C. BROKHOVEN: Das Reflexionsvermögen von Steinkohle. – Teil I: Brennst.-Chem., 49, 15–21 (1968).

Glasprüfmaße – Prosp. VEB Carl Zeiss Jena, Druckschr. Nr. 24 – 115d–1.

Internationales Lexikon für Kohlepetrologie. – 2. Ausg., Verl. Centre National de la recherche scientifique, Paris 1963 (dt., franz., engl.); russ.: Moskau.

Jenaer optisches Glas, Prosp. VEB Jenaer Glaswerk Schott & Gen., Jena, Abt. Optik, Liste 8686, mit Ergänzung (1955).

Reflexionsmessungen. – Entwurf des Lexikonblattes für die 3. Ausgabe des Internationalen Lexikons für Kohlenpetrologie.

Reflexionsmessungen an Kohlen. – Staatlicher Standard der UdSSR (GOST) Nr. 12113–66, Gruppe A 19, bestätigt am 29. 6. 1966.

Über die Beziehungen zwischen petrographischen Parametern und gesteinstechnischen Kennwerten von Festgesteinen

Dargestellt am Beispiel eines Syenitporphyrs

MANFRED LANGE & SIEGFRIED PUTSCHER, Berlin

1. Vorbemerkungen

Bei gesteinstechnischen Untersuchungen und bei der Auswertung bzw. Interpretation der Ergebnisse entsprechender Untersuchungen ist häufig zu beobachten, daß die petrographischen Parameter wie Mineralbestand (qualitativ und quantitativ), Struktur und Textur nicht genügend berücksichtigt werden. Dadurch kann es zu Fehleinschätzungen bei der technischen Bewertung von Gesteinen bzw. Gesteinskomplexen kommen.

Es sollen deshalb im folgenden die Beziehungen zwischen den wichtigsten petrographischen Parametern und gesteinstechnischen Kennwerten beschrieben und anhand eines Untersuchungsbeispiels für ein Gestein mit Zahlen belegt werden.

Eingang des Manuskripts in der Redaktion: 17. 7. 1969.

Bei den Untersuchungen, die im Rahmen einer Forschungsarbeit zur Aufstellung einer ingenieurgeologischen Gebirgsklassifikation durchgeführt wurden, gingen Verf. von folgenden Überlegungen aus: Bezeichnungen wie „Granit“ oder „Porphyr“ für ein Gestein sind für technische Bewertungen völlig unzureichend; es lassen sich daraus keine genauen Festigkeitswerte ableiten. Das ergibt sich schon daraus, daß jedes Gestein auch in sich petrographisch unterschiedlich — z. B. verschieden hoher Feldspatgehalt, verschiedene Korngrößen usw. — ausgebildet sein kann und daß auch sein Erhaltungszustand bzw. sein Verwitterungsgrad nicht immer gleich sind. Gerade aber diese Parameter wirken sich entscheidend auf die Festigkeitseigenschaften aus.

Da nun die Petrographie sowie der Verwitterungsgrad der Gesteine deren Festigkeitseigenschaften beeinflussen, scheint es nach Klärung der Beziehungen zwischen Petrographie und Festigkeitseigenschaften auch möglich, anhand von makroskopischen und mikroskopischen Untersuchungen Aussagen über das zu erwartende technische Verhalten der Gesteine machen zu können.

Vor allem der letztgenannte Gesichtspunkt wird für die Zukunft von Bedeutung sein, da verschiedene petrographische Untersuchungen billiger und weniger aufwendig als festigkeitsmechanische Untersuchungen sind und somit bei großen Versuchsreihen durchaus Mittel eingespart werden können.

2. Bemerkungen zu einigen die Gesteinsfestigkeit beeinflussenden Parametern

Da über die allgemeinen Grundlagen der Beeinflussung bestimmter Festigkeitswerte durch petrographische Parameter wie Mineralbestand, Textur und Struktur in der Literatur schon ausführlich berichtet wurde (z. B. FREUND 1955), soll an dieser Stelle darauf verzichtet und auf die einschlägige Literatur verwiesen werden. Notwendig erscheint es jedoch, auf den Verwitterungsgrad, dessen Ermittlung und Bedeutung sowie auf Probleme bei der Probenahme im Festgestein einzugehen.

Der Einfluß des Verwitterungsgrades (Index „i") auf die Gesteinsfestigkeit

In engem Zusammenhang zu den petrographischen Parametern und damit auch zur Gesteinsfestigkeit steht der Verwitterungsgrad eines Gesteins. Er wird durch den Index „i" (Wasseraufnahmefähigkeit eines Gesteins unter atm. Druck bis zur Gewichtskonstanz) ausgedrückt und kann nach den Beziehungen

$$i = \frac{P_2 - P_1}{P_1} \cdot 100 \text{ Gew.-\%} \quad \text{(HAMROL 1961)}$$

wobei

P_1 — die Trockenmasse einer Gesteinsprobe (übertrocknet bei $105° \pm 2 °C$),

P_2 — die Masse der durchtränkten Probe

bedeuten, sowie

$$i = \frac{A}{B} \cdot 100 \text{ Gew.-\%} \quad \text{(LINK 1962)}$$

A — Gewicht des aufgenommenen Wassers,

B — Gewicht der bei $105° \pm 2 °C$ übertrockneten Probe,

errechnet werden.

Die Höhe des Index „i" hängt vom Erhaltungszustand bzw. vom Verwitterungsgrad eines Gesteins ab. Je stärker also ein Gestein verwittert ist, um so größer sind sein Hohlraumvolumen und seine Wasseraufnahmefähigkeit. Es ist allerdings zu berücksichtigen, daß der Index „i" für verschiedene Gesteine mit gleichem Erhaltungszustand unterschiedliche Werte ergibt und somit für jede Gesteinsvarietät neu ermittelt werden muß. Es werden sich auf Grund der strukturellen Parameter z. B. für frischen Granit stets höhere Werte ergeben als für frischen Basalt oder Diabas. Nach JAEGER (1964) stehen vor allem die Druck- und Zugfestigkeit sowie der E-Modul in Beziehungen zu „i". So fällt bei Graniten, Gneisen und Schiefern σ-Druck (Druckfestigkeit) bei $i = 10\%$ beinahe auf Null, und σ-Zug (Zugfestigkeit) fällt auf Null bei $i = 6\%$.

Bei den von den Verf. untersuchten Gesteinen (Graniten, Gneisen, Tonschiefern, Porphyren, Granodioriten) lagen die ermittelten „i"-Werte zwischen 0,1 und 4,0 Gew.-% für frisches bis angewittertes Gestein. Im allgemeinen ist für Festgesteine eine Verringerung des Index „i" mit zunehmender Tiefe zu erkennen.

Zur Probenahme im Festgestein

Laboruntersuchungen an Festgesteinen werden im allgemeinen an aus Kernbohrungen gewonnenen Proben (Kernen) sowie an Monolithen durchgeführt. Um jedoch eindeutige und interpretierbare Ergebnisse zu erhalten, müssen einige Gesichtspunkte, die sich aus den mineralogischen Verhältnissen der Gesteine sowie aus deren tektonischer Stellung ergeben, bei der Probenahme berücksichtigt werden. So sollten bei geschieferten oder geschichteten Gesteinen die Proben möglichst so genommen werden, daß bei späteren Untersuchungen die durch die Mineraleinregelung hervorgerufene Anisotropie des Gesteins berücksichtigt werden kann, d. h., daß Festigkeitsuntersuchungen zumindest ⊥ und ∥ zur Schieferung bzw. Schichtung durchgeführt werden können.

Aber nicht nur in geschieferten Gesteinen ist eine Mineraleinregelung zu beobachten, sondern mitunter auch in Magmatiten. Es empfiehlt sich daher, auch bei diesen Gesteinen orientierte Proben zu entnehmen. So verleiht die Glimmereinregelung einem Gestein ⊥ zu den Glimmerplättchen ⊥ (001) z. B. eine höhere Druckfestigkeit als ∥ zur Einregelung ∥ (001). Bei Feldpateinregelungen wird sich ebenfalls parallel einer bevorzugten Spaltrichtung bei der Druckfestigkeit eine Festigkeitsminderung bemerkbar machen. Weiterhin sollten bei der Probenahme auch die verschiedenen Kluftsysteme berücksichtigt werden, da für die einzelnen Kluftrichtungen die petrographischen und damit auch die festigkeitsmechanischen Eigenschaften der Gesteine verschieden sein können. So folgen auf Grund der Einregelung der Minerale die S-Klüfte (Längsklüfte) der Linie kleinsten Druckes und der besten Teilbarkeit.

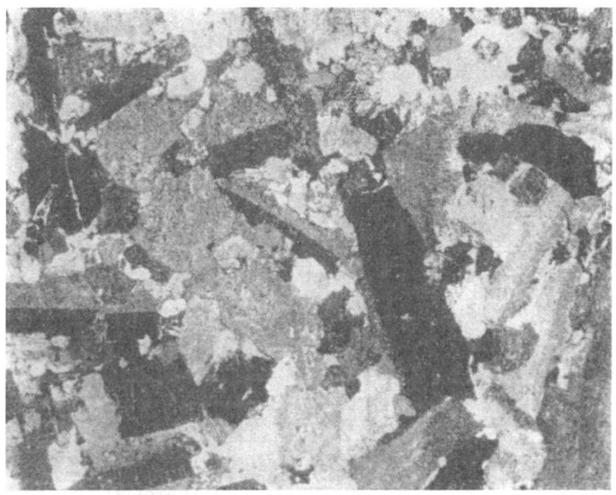

Abb. 1. Syenitporphyr (Vergrößerung 25×; + Nic.), (Foto: ZASTROW)

Diese Teilbarkeit wird sich in einer Festigkeitsminderung bemerkbar machen, im Gegensatz zur Q-Klüftung, in der keine Einregelung stattgefunden hat.

3. Petrographische und gesteinstechnische Eigenschaften des Syenitporphyrs

Bei dem untersuchten Syenitporphyr handelt es sich um in die Tonschiefer der Kernzone des Schwarzburger Sattels intrudierte Eruptivgesteine unterrotliegenden Alters.

Der Syenitporphyr ist in frischem Zustand von rötlicher, seltener grauer Färbung. In seiner Struktur entspricht er, da der Anteil an Grundmasse fast völlig zurücktritt, eher einem feinkörnigen Granit richtungslos-massiger Texturierung als einem (heterogen-körnigen) Porphyr (s. Abb. 1).

An der Gesteinszusammensetzung beteiligen sich folgende, nach der Häufigkeit des Auftretens geordnete Mineralgemengteile: Kalifeldspat, Plagioklas (35—45% An), Chlorit, Quarz, Kalzit, Biotit, Erz, Serizit.

Der Anteil der beiden erstgenannten Gemengteile betrug bei den untersuchten Proben stets mehr als 74 Vol.-% bei einem Durchschnittswert von 83 Vol.-%. Die Korngröße aller Gemengteile lag stets unter 0,5 mm.

Kornformbestimmungen (Verhältnis von Länge zu Breite — L/B) wurden auf Grund der geringen Größe der übrigen Gemengteile sowie des mehr oder weniger xenomorphen Habitus derselben nur an Kalifeldspat und Plagioklas durchgeführt. Nach den ermittelten L/B-Verhältnissen von 2,23:1 bis 3,51:1 sind beide Gemengteile als kurzsäulig zu bezeichnen.

Die gesteinstechnischen Untersuchungen ergaben folgende Werte:

Druckfestigkeit, einaxial	1010— 2100	kp/cm²
Zugfestigkeit, einaxial	103— 200	„
Biegefestigkeit	449	„
Scherfestigkeit	149— 161	„
statischer E-Modul	87000—234000	„
dynamischer E-Modul	574000—626000	„

Die Untersuchungen wurden nach den Richtlinien des Internationalen Büros für Gebirgsmechanik (IBG) durchgeführt.

Die Werte für den Index „*i*" lagen zwischen 0,26 und 1,79 Gew.-%.

4. Auswertung der Untersuchungsergebnisse

Im folgenden sollen anhand der vorstehend aufgeführten Untersuchungsergebnisse die Beziehungen bzw. Abhängigkeiten zwischen den verschiedenen mineralogisch-petrographischen und den wichtigsten Festigkeitsparametern näher untersucht werden, wobei darauf hingewiesen werden soll, daß infolge der relativ geringen Anzahl von Werten auf eine mathematische Auswertung verzichtet wurde.

Für die mikroskopischen Untersuchungen wurde nur Material aus den technischen Untersuchungen verwandt (z. B. zerdrückte Probenkörper, Abfallmaterial bei der Probenherstellung), so daß jedem Festigkeitswert ein bestimmter Mineralbestand, Korngröße usw. zugeordnet werden kann.

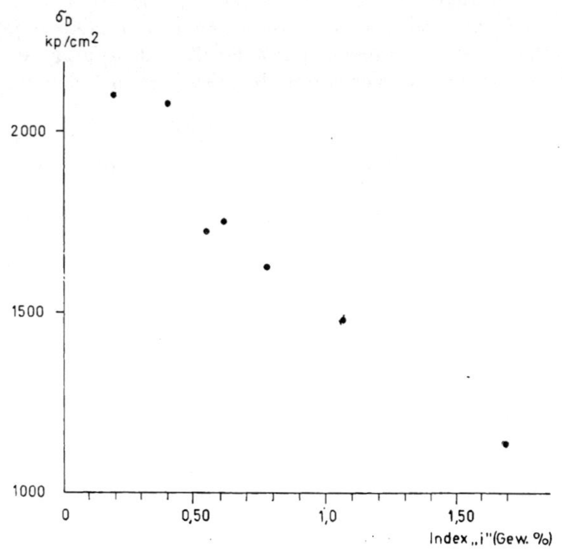

Abb. 2. Beziehungen zwischen der Druckfestigkeit und dem Index „*i*"

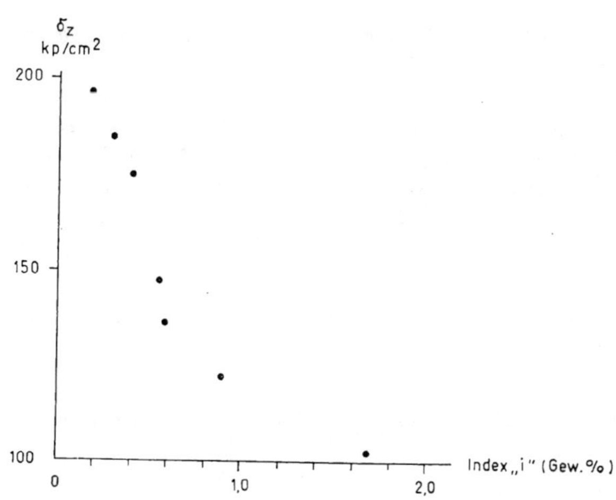

Abb. 3. Beziehungen zwischen der Zugfestigkeit und dem Index „*i*"

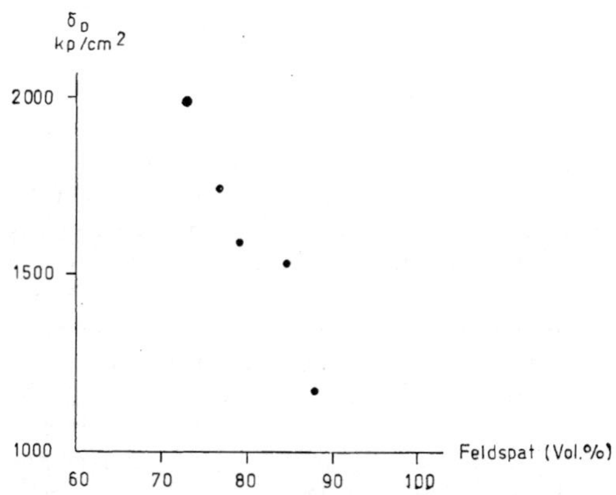

Abb. 4. Beziehungen zwischen der Druckfestigkeit und dem Feldspatgehalt

Beziehungen zwischen der Druck- bzw. Zugfestigkeit und dem Verwitterungsgrad (Index „i")

Aus Abb. 2 und 3 ist eine eindeutige Abhängigkeit der Druck- und Zugfestigkeit von der Höhe des Index „*i*" zu erkennen. Mit Zunahme des Verwitterungsgrades verringern sich die Festigkeitseigenschaften des Syenitporphyrs und umgekehrt. Da die Abhängigkeiten ohne große Streuungen ziemlich ausgeprägt sind, scheint es möglich, für ermittelte „*i*"-Werte aus dem Diagramm relativ genaue Druck- und Zugfestigkeiten anzugeben.

Beziehungen zwischen der Druck- bzw. Zugfestigkeit und dem Feldspatgehalt

Wie schon unter 1. angedeutet, beeinflußt die mineralogische Zusammensetzung eines Gesteins in starkem Maße dessen Festigkeitseigenschaften.

Von den verschiedenen untersuchten und in Beziehung zur Gesteinsfestigkeit gesetzten Mineralgemengteilen (Feldspat, Quarz) soll an dieser Stelle nur der Einfluß des Felspatgehalts auf die Gesteinsfestigkeit dargestellt werden, da der Feldspat als prozentual am stärksten auftretender Gemengteil die Festigkeit in erster Linie bestimmt. Aus Abb. 4 und 5 ist zu ersehen, daß mit steigendem Feldspatgehalt die Druck- sowie Zugfestigkeit des Syenitporphyrs abnehmen und daß umgekehrt eine Abnahme des Feldspatgehalts eine Erhöhung der Druck- und Zugfestigkeit bedingt. Auf Grund der relativ geringen Streuungen ist es möglich, für bestimmte Feldspatgehalte des Syenitporphyrs die zu erwartenden Druck- und Zugfestigkeiten ungefähr vorauszusagen.

Beziehungen zwischen dem Feldspatgehalt und dem Index „i"

Die Höhe des Index „*i*" wird wie bei anderen Gesteinen auch beim Syenitporphyr von dem Gehalt an Feldspäten (Kalifeldspat und Plagioklas) wesentlich beeinflußt. Von besonderer Bedeutung sind dabei die die Feuchtigkeitsaufnahme begünstigenden Spaltflächen. Es werden also mit steigenden Anteilen von Feldspat, wie Abb. 6 zeigt, auch die „*i*"-Werte höher werden und umgekehrt bei Verringerung des Feldspatgehalts abnehmen.

Beziehungen zwischen der Druckfestigkeit und dem L/B-Verhältnis der Plagioklase und Kalifeldspäte

Das L/B-Verhältnis als quantitativer Ausdruck der Kornform wirkt sich als struktureller Parameter ebenfalls auf die Gesteinsfestigkeit aus. Aus Abb. 7 ist zu ersehen, daß eine lineare Abhängigkeit zwischen den beiden Parametern besteht, wobei mit zunehmendem L/B-Verhältnis, d. h. mit schlanker werdendem Korn, die Druckfestigkeiten zunehmen. Interessant ist dabei der Einfluß der Kornlänge, denn auch sie beeinflußt in erheblichem Maße die Druckfestigkeit. So erreichten Proben mit Kornlängen < 1 mm die höchsten Druckfestigkeiten von 2100 kp/cm², während bei Kornlängen von > 1 mm nur Druckfestigkeiten von 1750 kp/cm² erreicht wurden.

Beziehungen zwischen der Druck- und Zugfestigkeit

Zum Schluß sei noch auf die Beziehung Druck- zu Zugfestigkeit eingegangen. Es ist schon seit längerer Zeit bekannt, daß Abhängigkeiten zwischen verschiedenen Festigkeitsparametern, vor allem zwischen der Druck- und Zugfestigkeit, bestehen, daß jedoch diese Abhängigkeiten für die verschiedenen Gesteinsarten

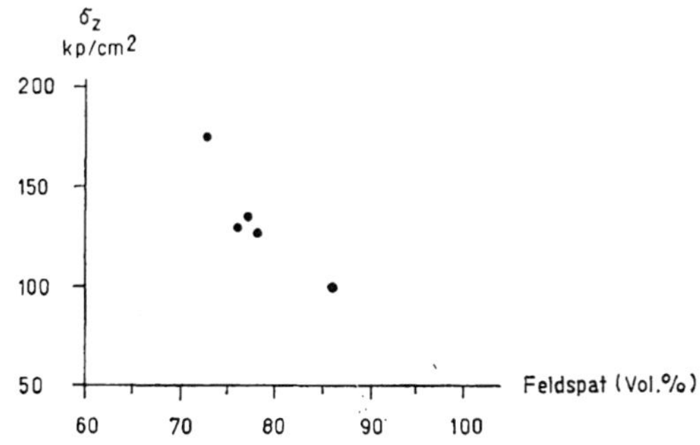

Abb. 5. Beziehungen zwischen der Zugfestigkeit und dem Feldspatgehalt

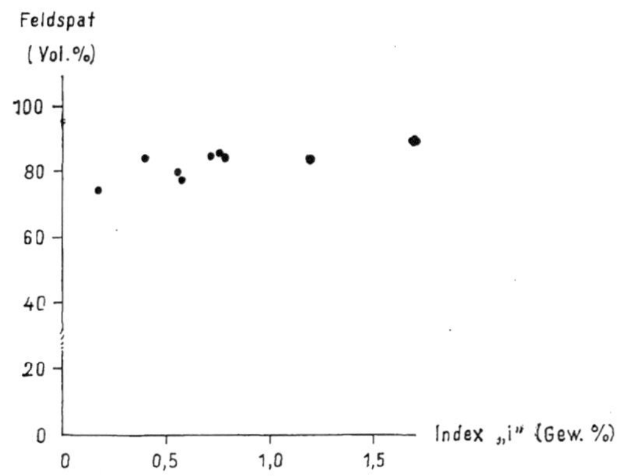

Abb. 6. Beziehungen zwischen dem Feldspatgehalt und dem Index „*i*"

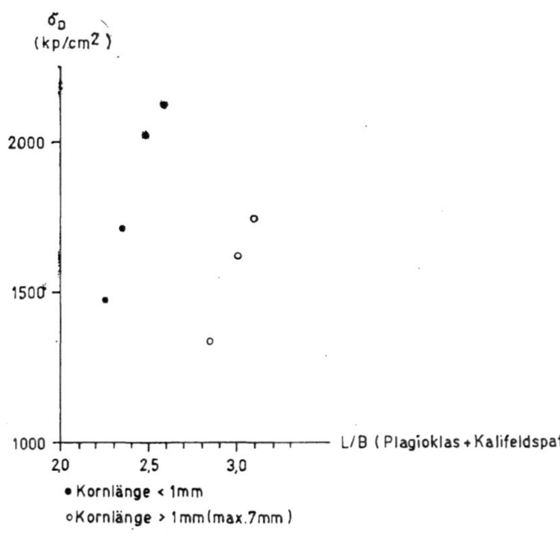

Abb. 7. Beziehungen zwischen der Druckfestigkeit und dem L/B-Verhältnis der Plagioklase und Kalifeldspäte

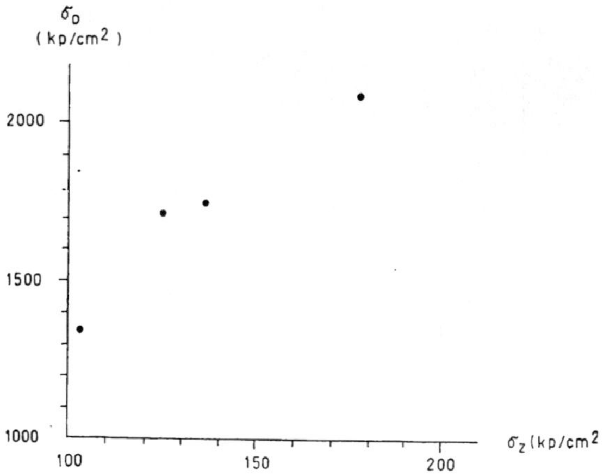

Abb. 8. Beziehungen zwischen der Druck- und Zugfestigkeit

unterschiedlich sind. Abb. 8 soll die Beziehungen für einen Syenitporphyr darstellen. Aus ihr ergibt sich, daß die genannten Abhängigkeiten auch bei diesem Gestein vorhanden sind. Das Verhältnis zwischen den Druck- und Zugfestigkeitswerten liegt hier bei etwa 12:1, womit ein von QUERVAIN (1967) angegebenes Verhältnis von 10—15:1 für Festgesteine allgemein bestätigt wurde.

Zusammenfassung

Die technischen Eigenschaften eines Gesteins, z. B. die Druck- und Zugfestigkeit, sind nicht als absolut und feststehend zu betrachten, sondern sie sind maßgeblich vom Gesteinsaufbau und dem Erhaltungszustand des Gesteins abhängig und können demzufolge in relativ weiten Grenzen schwanken.

Ziel der weiteren Untersuchungen sollte sein, die zunächst nur an einer beschränkten Anzahl von Proben für jedes Gestein durchgeführten Untersuchungen fortzuführen, um zu einer möglichst großen Anzahl von Kennwerten zu gelangen. Als Ergebnis deutet sich an, daß mittels der Aufstellung exakter mathematischer Beziehungen zwischen den verschiedensten Parametern und Kennwerten der Umfang der Untersuchungen eingeschränkt und trotzdem die gesteinstechnische Beurteilung zuverlässig gestaltet werden kann.

Резюме

Технические свойства породы, напр., прочность при сжатии и растяжении, нельзя считать абсолютными и постоянными. Они в значительной степени зависят от строения и сохранности породы. В связи с этим, они могут колебаться в сравнительно больших границах.

Дальнейшая цель исследований должна заключаться в продолжении исследований, проведенных предварительно лишь на ограниченном количестве образцов каждой породы, с тем, чтобы получить по возможности большее количество показателей. Представляется возможным, что путем установления точных математических связей различных параметров с показателями можно ограничивать объем исследований и все-таки достоверно проводить породо-техническую оценку.

Summary

The technical properties of a rock, such as the compressive and tensile strength, cannot be regarded as absolute and stable, but decisively depend on the composition and state of preservation of the rock and, therefore, may vary within relatively large limits.

The aim of future investigations should be to carry on tests first made only with a limited number of samples for each rock, in order to obtain the highest possible number of characteristic values. As a result, the extent of investigations will be limited and, nevertheless, there will be a technical evaluation of the rock having a reliable quality when exakt mathematical relations are established between the various parameters and characteristics.

Literatur

DREYER, W.: Über das Festigkeitsverhalten sehr verschiedenartiger Gesteine. — Bergbauwissenschaften, 2, 7 (1955).

FREUND, H.: Handbuch der Mikroskopie in der Technik, Bd. IV, Teil 1. — Frankfurt (Main) 1955.

HAMROL, A.: A quantitative classification of the weathering and weatherability of rocks. — Proceedings of the 5. Int. Congr. on Soil Mechanics and Foundation Engineering, Vol. 2 (1961).

JAEGER, CH.: Bemerkungen zum Problem Felsmechanik und Wasserkraftwerksbau. — Die Wasserwirtschaft, 54, 6 (1964).

JOHANNSEN, A.: A descriptive petrography of the igneous rocks, Bd. I und II. — Chicago 1952.

LANGE, M., & S. PUTSCHER: Bericht über die bis zum Jahre 1968 durchgeführten Arbeiten zum Thema „Ingenieurgeologische Gebirgsklassifikation". — Unveröff. Ber. Arch. zentr. geol. Fonds, Berlin 1968.

LINK, H.: Zur Querdehnungszahl von Gestein und Gebirge. — Geologie und Bauwesen, 27, 2 (1962).

QUERVAIN, F. DE: Technische Gesteinskunde. — Basel — Stuttgart 1967.

REUTER, F.: Grundlagen für die Aufstellung einer ingenieurgeologischen Gebirgsklassifikation. — Unveröff. Studie Arch. zentr. geol. Fonds, Berlin 1965.

ROSETZ, G. P., & H. PFORR: Ergebnisse gesteinsmechanischer Untersuchungen an Gesteinen aus dem Kupferschieferbergbau. — Bergakademie, 17, 12 (1965).

Das Obervisé von Doberlug-Kirchhain

WERNER NÖLDEKE, Berlin

(Mitteilung aus dem Zentralen Geologischen Institut, Berlin)

1. Es wird eine zusammenfassende Übersicht über den Aufbau und die geologische Entwicklung des Obervisé von Doberlug-Kirchhain, insbesondere auf der Grundlage der während der Erkundungstätigkeit ab 1956 erzielten neuen Untersuchungsergebnisse, gegeben. Dabei wird von einer Beschreibung der voroberviséischen Schichtenfolge, die das Präkambrium und Kambrium umfaßt, ausgegangen.

Eingang des Manuskripts in der Redaktion: 6. 8. 1969.

Eine ausführliche Darstellung erscheint demnächst in den „Abhandlungen des Zentralen Geologischen Instituts".

Die Darstellungen des Obervisé beruhen auf einer durch die Aufschlüsse nach 1956 möglich gewordenen, gegenüber G. MEMPEL (1952) veränderten und neu definierten Grenzziehung und Untergliederung der Schichtenfolge (Tabelle). Dadurch kann eine abschnittsweise Betrachtung der lithologischen und paläogeographischen Verhältnisse gegeben werden. Ferner werden u. a. der Nachweis der Parallelisierbarkeit der Anthrazitflöze, die Ausbildung und Verbreitung der Kohlenführung sowie der Kaolinkohlentonsteine, der Nachweis von Verbreitung und Aufstiegszentren der Andesite,

Tabelle. Untergliederung des Obervisé
UK = Unterkante, OK = Oberkante, WH = Wurmröhrenhorizont

G. MEMPEL (1947)	G. MEMPEL (1952) Benennung		G. MEMPEL (1952) Grenzfestlegung nach
Konglomerat-Zone	Werenzhainer Schichten	obere W. Scht.	
			Oberer Andesit
		untere W. Scht.	UK d. ersten Konglomeratbänke
Schieferton-Zone	Kirchhainer Schichten	obere K. Scht.	
		mittlere K. Scht.	
		untere K. Scht.	Flöz über Unt. Andesit u. Ob. WH
Sandstein- bzw. Grauwacken-Zone	Doberluger Schichten	obere D. Scht.	Ob. WH
		obere mittlere D. Scht.	Unterer Andesit
		untere mittlere D. Scht.	Unt. WH
		untere D. Scht.	
		Kambrium	

W. NÖLDEKE (1968) Benennung		Grenzfestlegung nach	Benennung nach petrographischem Charakter	Symbol
Werenzhainer Schichten −380 m	obere W. Scht. 0−220 m	UK Grw.-Sandst.-Kgl.	Grauwacken-Sandsteinkonglomerat	w_2
	obere untere W. Scht. 40−160 m (98 m)	UK Flöz 5, Ob. Andesit	Hornsteinkonglomerat	$w_{1,2}$
	untere untere W. Scht. 60−110 m (69 m)	OK Flöz 8		$w_{1,1}$
Kirchhainer Schichten 88−150 m (120 m)	obere K. Scht. 14−54 m (35 m)	UK Flöz 11	Hauptflözführende Schichten	k_3
	mittlere K. Scht. 22−88 m (46 m)	~ WH_6; UK Flöz 13		k_2
	untere K. Scht. 10−76 m (42 m)	~ WH_5; UK Flöz 16		k_1
Doberluger Schichten 25−150 m (110 m)	obere D. Scht.	~ WH_4, ~ WH_3; Unt. Andesit	Lyditgrauwackenschichten	d_2
	untere D. Scht.	~ WH_2; UK Flöz 17		d_1
Finsterwalder Schichten 0−88 m	obere F. Scht.	~ WH_1; OK Kalk-Grw.	Kohlenkalkschichten	f_3
	mittlere F. Scht.	~ WH_0; UK Kalk-Grw.		f_2
	untere F. Scht.			f_1
Kambrium				

die Darlegung des einfachen tektonischen Baus, Beobachtungen über die Altersbeziehungen Andesite — Tektonik — Inkohlung u. a. abgehandelt.

Ein regionaler Vergleich mit anderen Obervisé-Vorkommen und eine zusammenfassende Darstellung der Entwicklung des Obervisé schließen die Ausführungen ab.

2. Die variszische Geosynklinale beginnt im ostelbischen Raum mit dem Ordovizium und endet mit dem Obervisé. In diese Geosynklinalentwicklung wird das Gebiet von Doberlug sicher im Silur und im Obervisé einbezogen. Die Schichten des Silurs sind vorobervisé-isch abgetragen, so daß das Obervisé heute mittelkambrischen Schichten aufliegt.

Die Obervisé-Transgression greift aus östlicher bis südöstlicher Richtung nur langsam auf das Gebiet von Doberlug über (Abb.). Sie beginnt mit tonig und grauwackenartig ausgebildeten Sedimenten der unteren Finsterwalder Schichten, die auf den Raum von Finsterwalde beschränkt sind. Ein Transgressionskonglomerat fehlt hier, ebenso wie an der Basis der im Westteil transgredierenden Doberluger Schichten.

Die Kohlenkalkfazies der mittleren Finsterwalder Schichten reicht bereits bis in das Gebiet von Kirchhain. Es handelt sich im Gegensatz zu den Kohlenkalken von Göllnitz nur teilweise um reinen, oolithischen Kalkstein, überwiegend um Kalkgrauwacken. Die Lebensverhältnisse haben sich für die Fauna verschlechtert (keine Korallen mehr). Die Nähe der Küste ist unverkennbar. Der Kohlenkalk ist vergleichbar mit dem des Görlitzer Schiefergebirges, des Vogtlands u. a.

Nach der relativ ruhigen Zeit mit z. T. chemischer Sedimentation beginnt eine verstärkte kontinuierliche Einsenkung auch des westlichen Teils, die zur Bildung der aus Kieselgesteinsdetritus monoton zusammengesetzten Grauwacken der oberen Finsterwalder und der Doberluger Schichten führt. Das langsame Übergreifen des Obervisé kommt in dem erwähnten Fehlen des Transgressionskonglomerats sowie in der teilweise verbreiteten Kohlenbildung an der Basis der

Doberluger Schichten (Flöz 17) zum Ausdruck (Vermoorung). Der marine Einfluß läßt nach. Verbreitet sind Grabspuren.

Mit den Kirchhainer Schichten setzt eine wechselvolle Entwicklung ein, die von starker Einsenkung und Sedimentschüttung mit Konglomeratbildung bis zu tektonischer und Sedimentationsunruhe mit Kohlenbildung reicht. Der volle Sedimentationszyklus Konglomerat — Grauwacke — Schieferton — Kohle ist mehrfach ausgebildet. Die für die Doberluger Schichten typischen Grauwacken reichen bis unter das Flöz 13; die für die Werenzhainer Schichten typischen Konglomerate beginnen bereits in den mittleren Kirchhainer Schichten (zwischen Flöz 12 und 11). Es kommt zur Bildung der Kohlenflöze 16 bis 8. Der Schwerpunkt der Kohlenbildung liegt im küstennäheren Nordteil der Werenzhainer Mulde. Er verschiebt sich mit zunehmender Schüttungsintensität aus nördlichen Richtungen in Annäherung an die Werenzhainer Schichten von Flöz 16 bis zu Flöz 8 in südlicher Richtung. Zahlreiche Wurzelböden beweisen die Autochthonie der Flöze. Der Zusammenhang zwischen Senkungsintensität und Senkungsdauer während der Kohlenbildung spiegelt sich in dem proportionalen Verhältnis von Kohlenmächtigkeit und Qualität der Kohle wider. Geringmächtige Flöze besitzen in der Regel einen geringen Aschengehalt (schwache, kurzzeitige Senkung und Sedimentzufuhr), mächtigere Flöze einen hohen Aschengehalt (stärkere, lange Senkung mit erhöhter Sedimentzufuhr). Mit einem Teil der Flöze entstehen zehn Kaolinkohlentonsteinlagen als für die kohlenführende Formation typische Gesteine. Sie zeigen in bezug auf Mächtigkeit und Ausbildung enge Beziehungen zur Mächtigkeit und Qualität der Flöze. Aus diesem Grund wird gegenüber der verbreiteten Annahme einer vulkanogen-äolischen Entstehung der Kaolinkohlentonsteine (H. J. RÖSLER u. a. 1967) die Entstehung der Doberluger Kaolinkohlensteine aus detritisch oder gelöst aquatisch herangeführtem Material als chemisch-sedimentäre Gesteine, wie bereits von A. SCHÜLLER (1951), angenommen.

Die tektonische und sedimentologische Unruhe wird zum Hangenden immer ausgeprägter und erreicht in den konglomeratisch ausgebildeten Werenzhainer

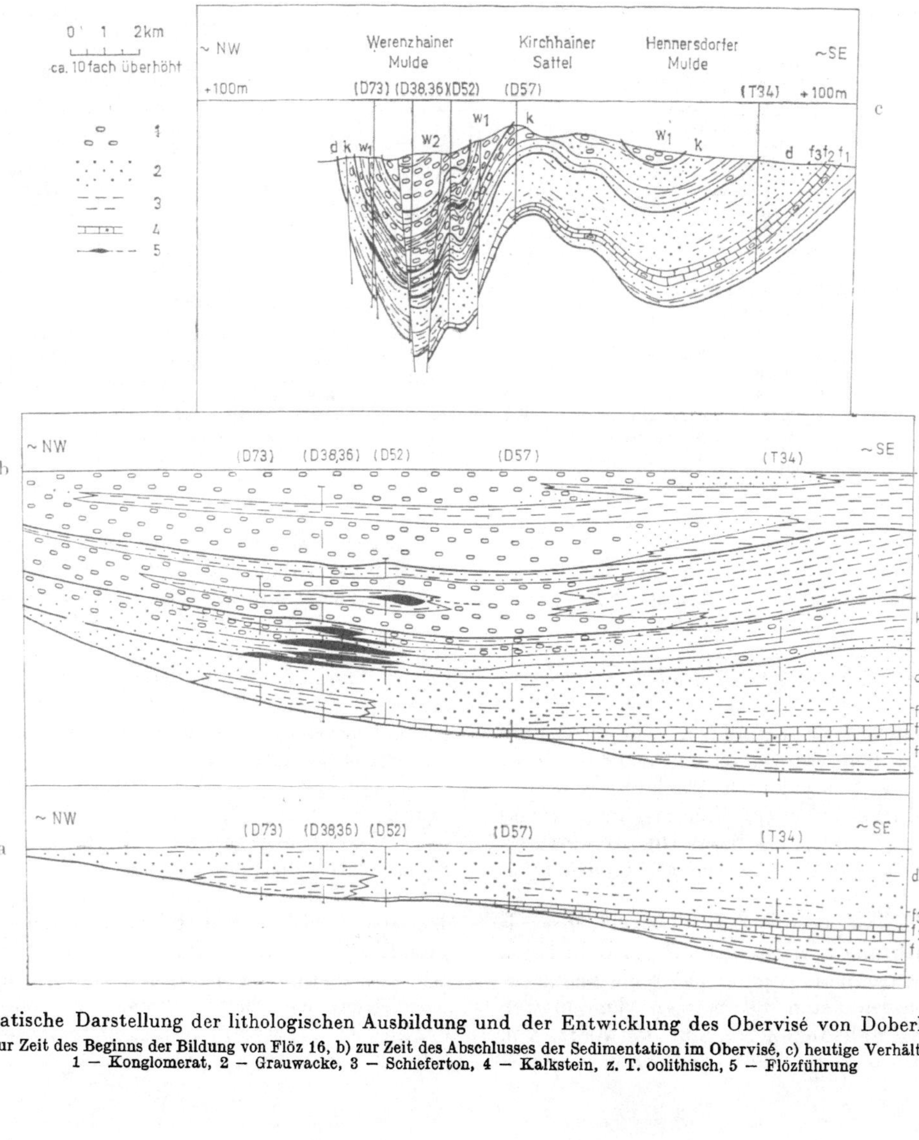

Abb. Schematische Darstellung der lithologischen Ausbildung und der Entwicklung des Obervisé von Doberlug-Kirchhain
a) zur Zeit des Beginns der Bildung von Flöz 16, b) zur Zeit des Abschlusses der Sedimentation im Obervisé, c) heutige Verhältnisse
1 — Konglomerat, 2 — Grauwacke, 3 — Schieferton, 4 — Kalkstein, z. T. oolithisch, 5 — Flözführung

Schichten, insbesondere in den oberen Werenzhainer Schichten, ihren Höhepunkt. Die Kohlenbildung nimmt ab (im wesentlichen nur Flöz 5). Der Schwerpunkt der Sedimentation wird in die jetzige Werenzhainer Mulde verlagert, die eventuell synsedimentär schon angedeutet war. Geschüttet wurden Gerölle des Silurs (Kieselgesteine und Alaunschiefer mit Graptolithen), des Kambriums (Sandsteine, Rohsteiner Kieselgesteine?) und des Präkambriums (Lausitzer Grauwacken, Metamorphite, Magmatite). Ferner treten Gerölle des Obervisé auf (Kohle, Schieferton). Ein scharfer Wechsel in der Geröllführung gestattet die Unterteilung in das Kieselschiefer-Lydit-Konglomerat (untere Werenzhainer Schichten) und das Grauwacken-Sandstein-Konglomerat (obere Werenzhainer Schichten).

Die Materialzufuhr erfolgte bis etwa zu den mittleren Kirchhainer Schichten vorwiegend aus südlichen, danach vorwiegend aus nördlichen Richtungen.

Die in den mittleren Finsterwalder Schichten auftretende Fauna und die flözferne Flora der Werenzhainer Schichten gestatten die Einstufung der ca. 700 m mächtigen Schichtenfolge in das Visé IIIα (unterer Teil des Obervisé).

Die mittleren Finsterwalder Schichten entstanden unter flachneritischen, die Doberluger und unteren Kirchhainer Schichten unter litoralen und die mittleren Kirchhainer bis Werenzhainer Schichten unter kontinentalen (limnisch-fluviatilen) Bedingungen.

Die Sedimentation findet mit der sudetischen Phase, die etwa im oberen Teil des Obervisé bis Grenzbereich Visé III α/β einsetzt, ihren Abschluß. Diese Phase wirkt sich im Gebiet von Doberlug nicht stark aus. Sie schafft den heute sichtbaren flachen Sattel- und Muldenbau:

Prießener Mulde,
Dübrichener Sattel,
Werenzhainer Mulde,
Kirchhainer Sattel,
Hennersdorfer Mulde.

Sie wird durch die Konglomeratschüttungen im oberen Teil der Schichtenfolge angedeutet. Die Gerölle des Obervisé in den Werenzhainer Schichten weisen auf die Hebung des nördlichen Festlands und Einengung des Sedimentationsbeckens bereits im Visé IIIα hin.

Kurz vor der sudetischen Phase dringt Andesit in vier Lagergängen in die Schichtenfolge ein und verkokt diese gering im Liegenden und Hangenden. Der Untere Andesit hat je ein Aufstiegszentrum im Nordosten und im Westen der Werenzhainer Mulde, die Mittleren Andesite und der Obere Andesit steigen im Südwesten der Werenzhainer Mulde auf.

Die regionale Inkohlung begann bereits kurz vor der sudetischen Phase und dauerte bis nach ihrem Abschluß an. Sie wurde durch einen Tiefenpluton hervorgerufen, der mit den magmatischen Erscheinungen der variszischen Orogenese in der Lausitz und der ostelbischen Fortsetzung der Mitteldeutschen Kristallinschwelle in Verbindung zu bringen ist. Heute liegt ein Anthrazit mit 5,5% wahren flüchtigen Bestandteilen vor.

Die weitgehend ähnliche Ausbildung des Obervisé (insbesondere des Kohlenkalks und der Konglomerate) in der Lausitz, im Vogtland usw. verdeutlicht die gleichen regionalen tektonisch-sedimentologischen Bedingungen, unter denen die flyschoide Schichtenfolge entstand. Abweichend ist in Doberlug die mächtige Kohlenführung. Sie erklärt sich aus der paläogeographischen Lage am Rand einer Schwelle im Dinant-Becken, der Mitteldeutschen Schwelle und der relativ stabilen Unterlage. Das Obervisé-Vorkommen ist in dieser Beziehung vergleichbar mit ähnlichen kohlenführenden Ablagerungen des Dinant der Upper Sedimentary Group im Midland Valley Trough sowie der Scremerstone Coal Group im Northumbrian Trough Zentralenglands, den kohlenführenden Ablagerungen des Buggebiets u. a.

Literatur

NÖLDEKE, W.: Das Obervisé von Doberlug-Kirchhain. Eine monographische Darstellung der geologischen Verhältnisse unter besonderer Berücksichtigung der Anthrazitführung. – Inaug.-Diss. Humboldt-Univ. Berlin 1968 (darin umfangreiche Literaturangaben).

Bauxitvorräte kapitalistischer Länder

KURT KAUTER, Berlin

In der letzten Zeit wurden in verschiedenen kapitalistischen Ländern ausführliche Berechnungen über die Vorräte an Bauxit vorgenommen, deren wesentlichste Ergebnisse im folgenden zusammengefaßt werden sollen (jeweils bezogen auf Anfang des Jahres 1966).

Gegliedert nach Kontinenten wurden folgende Mengen festgestellt (in Mill. t):

	Gesamtvorräte	bestätigte Vorräte
Afrika	3330	715
Australien	3225	602
Amerika	2128	556
Asien	391,5	126,5
Europa	363	130,7
insgesamt	9437,5	2130,2

In den letzten zehn Jahren, von 1956 bis Ende 1965, sind die Vorräte durch die Entdeckung mehrerer Lagerstätten in Afrika und Australien annähernd auf das Sechsfache angewachsen. Die kapitalistischen Länder mit den bedeutendsten Bauxitlagerstätten weisen folgende Vorräte aus (abgerundet in Mill. t):

	Gesamtvorräte	bestätigte Vorräte
Australien	3200	600
Guinea	1500	600
Kamerun	1000	50
USA	650	53
Jamaika	600	130
Surinam	300	200
Indien	276	74
Frankreich	260	70
Brasilien	250	30
Ghana	230	45
Kongo (Kinshasa)	200	–

Unter genetischen Gesichtspunkten können die Bauxitlagerstätten in groben Zügen dreigeteilt werden in:

1. känozoische Lagerstätten. Zu ihnen zählen über 95% der Lagerstätten allgemein. Hierhin gehören: Australien, Afrika, Südamerika und der karibische Bereich. Es handelt sich um Bauxite des Laterittyps als Verwitterungsprodukte von Aluminiumsilikatgesteinen unter tropischen und subtropischen Verhältnissen;

2. mesozoische Lagerstätten. Solche finden sich in der Hauptsache im Mittelmeerbereich. Zu ihnen gehören die Lagerstätten von Spanien, Frankreich, Italien, Griechenland und der Türkei, aber auch einige Lagerstätten von Australien und Indien. Lager dieser Art sind an Karbonatgesteine der Meeresküsten gebunden;

3. paläozoische Lagerstätten. Sie sind selten. Typen dieser Art finden sich in den USA.

An Einzelheiten sind folgende Tatsachen erwähnens- und beachtenswert.

a) Australien

Hier finden sich die größten Bauxitvorräte der kapitalistischen Länder mit 3225 Mill. t, von denen 600 Mill. t bestätigt werden konnten. Die größte Lagerstätte mit ca. 3000 Mill. t auf einer Fläche von 200 km² befindet sich im W der Cape-York-Halbinsel, im N des Kontinents. Das Roherz hat einen Gehalt von 55% Al_2O_3 und 3,4% SiO_2. Im W des Kontinents, bei Perth, wurde die Lagerstätte Darling-Range mit 50 Mill. t Vorräten entdeckt.

b) Afrika

Die Gesamtvorräte des Kontinents betrugen Anfang 1966 ca. 3330 Mill. t; davon waren 715 Mill. t bestätigt. Die Hauptlagerstätten mit insgesamt ca. 94% aller Vorräte Afrikas liegen in Ghana, Guinea, Kamerun, Kongo (Kinshasa) und Mali. Weitere Bauxitlagerstätten wurden in Marokko, Moçambique, Sierra Leone, Sudan, Tschad und anderen Ländern entdeckt. In den letzten zehn Jahren haben sich die dortigen Vorräte verzehnfacht.

In Ghana betrugen die Vorräte 230 Mill. t mit 45 Mill. t nachgewiesenen Reserven. Die Lagerstätten liegen hauptsächlich westlich und südlich der Stadt Kumasi. Die größte von ihnen stellt die Gruppe Enachin mit insgesamt 170 Mill. t dar. Es handelt sich hier um eine 30 km lange Lateritzone mit einer Mächtigkeit von 6 bis 15 m. Der Gehalt des Roherzes beträgt ca. 63% Al_2O_3 und 0,2 bis 3,1% SiO_2. Die Lagerstätten der Offo-Gruppe haben Werte von 53 bis 58% Al_2O_3, 0,6 bis 2,7% SiO_2 und 8 bis 14% Fe_2O_3.

In Kongo (Kinshasa) betrugen die Vorräte 200 Mill. t. Die bedeutendsten Lagerstätten befinden sich im Westteil des Landes zwischen den Städten Matadya und Tschela. Die Gehalte der Roherze betragen 42,5% Al_2O_3, 0,5% SiO_2 und 36,9% Fe_2O_3.

Die Bauxitvorräte Kameruns betrugen 1000 Mill. t, davon waren 50 Mill. t nachgewiesen. Die größte Lagerstätte erstreckt sich auf der Hochebene von Adamuo. Dort liegen 900 Mill. t Bauxit mit Gehalten von 40 bis 44% Al_2O_3 und 1 bis 3,5% SiO_2.

Guinea verfügt über 1500 Mill. t Bauxit, von denen 600 Mill. t bestätigt waren. Die größten Vorräte liegen im Bereich Boké. Diese Roherze haben Gehalte von über 50% Al_2O_3 und weniger als 2% SiO_2. Weitere große Lagerstätten finden sich im Gebiet des Zusammenflusses von Badi und Konkure. Diese Erze besitzen bis 40% Al_2O_3 und ca. 3% SiO_2. Die Lagerstätten in der Gegend von Tuge bergen Roherze mit 38 bis 48% Al_2O_3 und 1,4 bis 5% SiO_2.

c) Amerika

Die gesamten Bauxitvorräte der kapitalistischen Länder Amerikas betrugen Anfang 1966 2128 Mill. t. Davon galten 556 Mill. t als bestätigt. Die bedeutendsten Lagerstätten finden sich in den USA, in Jamaika, Surinam, Brasilien, Venezuela, Guayana, franz. Guayana, Dominikanische Republik, Haiti und Mexiko. 80% der Gesamtvorräte sind in den ersten vier Ländern konzentriert. Im Laufe der letzten zehn Jahre haben sich die Reserven verdreifacht.

Die Vorräte der USA betrugen 650 Mill. t mit 53 Mill. t nachgewiesenen Roherzen. 600 Mill. t davon liegen allein auf den Hawaii-Inseln. Sie wurden bisher noch nicht abgebaut. Auf dem Kontinent finden sich Lagerstätten in den Staaten Arkansas, Mississippi, Alabama und Georgia. Die Roherze aus dem SE des Landes weisen Gehalte von 56% Al_2O_3, 13% SiO_2 und 1% Fe_2O_3 auf. Außer Qualitätslagerstätten gibt es in den USA Eisenbauxite und Tone mit beträchtlichen Al_2O_3-Gehalten.

Die Vorräte auf Jamaika betrugen 600 Mill. t, von denen 130 Mill. t exakt erkundet waren. Die Lagerstätten sind an Kalksteine des Obereozäns gebunden. Die größte von ihnen liegt in der Gegend von Manchester, erstreckt sich über eine Länge von 32 km und hat eine Mächtigkeit von 7,5 m. Als Gehalte werden angegeben: 50% Al_2O_3, 0,4 bis 3,5% SiO_2 und 17 bis 23% Fe_2O_3.

Surinam verfügt über 300 Mill. t mit 200 Mill. t nachgewiesenen Vorräten. Die wichtigsten Lagerstätten liegen bei den Orten Moe, Moengo und Paranam. Der Al_2O_3-Gehalt dieser Erze beträgt ca. 55%. Eine neue große Lagerstätte wurde zwischen den Flüssen Courantyne und Nickerie entdeckt.

d) Asien

Die gesamten Bauxitvorräte der kapitalistischen Länder Asiens betrugen 391,5 Mill. t. Davon waren 126,5 Mill. t bestätigt. Die größten Lagerstätten liegen in Indien, Indonesien, der Türkei, in Malaysia, Pakistan und Sawarak. Am bedeutendsten sind die ersten drei Länder.

Die Vorräte Indiens wurden bei nachgewiesenen 74 Mill. t auf insgesamt 276 Mill. t geschätzt. Die durchschnittlichen Gehalte liegen bei 36 bis 60% Al_2O_3 und 6 bis 12% SiO_2. Im Staat Bihar gibt es Bauxitlagerstätten in der Umgebung von Rantsch und Bihar mit 23 Mill. t Vorräten und Gehalten von 56 bis 60% Al_2O_3.

Die Roherze von Indonesien konnten auf 25 Mill. t geschätzt werden; 15 Mill. t wurden bestätigt. Die Hauptlagerstätten liegen auf den Inseln Bintan und Kodjan. An Gehalten werden angegeben: 53 bis 55% Al_2O_3, ca. 4% SiO_2 und 9 bis 13% Fe_2O_3.

e) Europa

Die kapitalistischen europäischen Länder verfügen über 363 Mill. t Bauxit, davon waren 130,7 Mill. t bestätigt. Die größten Mengen liegen in Frankreich und Griechenland mit ca. 95% der Gesamtvorräte. In den letzten neun bis zehn Jahren konnten die Vorräte verdreifacht werden.

Frankreich verfügt allein über 260 Mill. t mit 70 Mill. t nachgewiesenen Vorräten. Die wichtigsten Lagerstätten befinden sich an der Südküste des Landes, vor allem in den Provinzen Var, Ariège und Bouches du Rhône. Genetisch sind diese Lagerstätten an Karbonate der Kreide und des Juras gebunden. Es liegen Mächtigkeiten zwischen 2 und 5 m vor. Die Gehalte werden mit 50 bis 60% Al_2O_3, 2 bis 5% SiO_2 und 0,8 bis 26% Fe_2O_3 angegeben.

Die Bauxitvorräte Griechenlands sind an den Bereich des Barnasgebirges gebunden. Bemerkenswerte Lokalitäten sind: Elevsie, Lamie, Elba, Amorgos, Samos und Naxos. Die Lagerstätten sind an Kontakte mit Kreide-, Jura- und Trias-Kalksteinen gebunden. Die Gesamtvorräte betrugen 84 Mill. t; 50 Mill. t davon waren nachgewiesen. Die Al_2O_3-Gehalte sollen 50 bis 59% betragen.

Mehrere Angaben dieses Artikels sind der Zeitschrift „Geologický průzkum" entnommen.

Besprechungen und Referate

GUIGUES, J., & P. DEVISMES

La prospection minière à la batée dans le massiv armoricain

Paris: Bureau de Recherches géologiques et minières, Mémoires, Nr. 71, 1969. 172 S., davon 153 S. Text, 38 Karten, 7 Tab. und Prof., 17 Fotos, 69 Buntbilder

Neben der regionalen geochemischen Prospektion hat sich die Schwermineraluntersuchung als schnell zu handhabende und doch relativ zuverlässige Übersichtsmethode einen festen Platz auch im Rahmen der modernen Verfahren zur Lagerstättensuche geschaffen. Ihr großer Vorteil besteht darin, daß sie sich auf natürliche Konzentrate stützt, deren Mineralgehalte in den Proben weiter künstlich angereichert werden.

Die vorliegende Arbeit gibt einen Einblick in Vorbereitung, Organisation, Ablauf und Ergebnisse der auf diesem Gebiet im armorikanischen Massiv geleisteten Arbeiten, die vom B. R. G. M. seit 1957 durchgeführt worden sind. Eine kleine Gruppe von Mitarbeitern hat in 11jähriger ununterbrochener Tätigkeit die Lagerstättensuche über ein Gebiet von 50000 km² getragen, die Arbeitsmethoden verfeinert und dabei bisher dort noch nicht bekannte Minerale neuentdeckt. Die Ergebnisse der schnellen Bestimmung aller aus Alluvionen, Eluvionen, verwitterten oder frischen Gesteinsproben gewonnenen Schwerminerale gaben die Voraussetzungen für das Aufsuchen neuer Erzlagerstätten.

Der Inhalt des Buches gliedert sich nach Zusammenfassung, Vorwort und kurzer Einführung in zwei Hauptteile. Der 1. Teil (S. 12—78) behandelt die Prospektionsmethode und die Untersuchungsergebnisse; der 2. Teil (S. 79—160) ist der Mineralatlas des armorikanischen Massivs. Bis gegen Ende des 18. Jahrhunderts ging mit der bergbaulichen Nutzung eine langsam steigende Kenntnis der armorikanischen Erzlagerstätten (Pb, Zn, Au, Sb, Sn und W) einher. Ab 1745 begann die geologische Untersuchung des Landes, die von 1820 bis 1914 große wissenschaftliche Ergebnisse zeitigte. Bei Beginn der modernen Untersuchung lagen geologische Karten im Maßstab 1 : 80000 vor, nach denen die für eine Suche günstigen Gebiete bestimmt werden konnten. Zunächst wurden bekannte Lagerstättenbezirke geochemisch umgrenzt, dann die Untersuchungen auf benachbarte Gebiete übertragen und schließlich das gesamte armorikanische Massiv auch in den als anfangs ungünstig eingeschätzten Zonen einbezogen, wobei völlig neue Mineralisationen entdeckt wurden, wie z. B. sedimentärer Monazit. Alle im Sichertrog oder aus Bohrungen gewonnenen Proben wurden im Laboratorium für Schwerminerale bearbeitet, wo ein Mineraloge und zwei Assistenten in zehn Jahren 113520 Konzentrate untersucht haben.

Die systematische Probenahme sollte im Gewässernetz des armorikanischen Massivs in regelmäßigen Abständen die Mineralzusammensetzung vollständig erfassen. Nach dem Mineralbefund wurden Verteilungskarten der wirtschaftlich interessierenden Minerale erarbeitet. Die leicht an örtliche Gegebenheiten anzupassenden Verfahren waren sehr effektiv bei der Inventarisierung der Schwermineralkonzentrationen. Dabei wurden neue Lagerstätten vor allem an Kassiterit und Monazit gefunden. Erste Kontrollbohrungen und Versuchsabbaue haben die prognostischen Angaben an Vorräten und Gehalten bestätigt.

Die Untersuchung der Eluvionen, bei wichtigen Mineralen nach kombinierten Methoden, gab Hinweise auf die Ausdehnung der Metalldistrikte und führte zur Auffindung neuer, verdeckter, primärer Erzlagerstätten. Bei der Zinnerkundung im Raum Montbelleux bildete die Gravimetrie die bis in 150 m Teufe liegenden granitischen Kuppeln in zahlreichen schwer zu deutenden negativen Anomalien ab. Geochemische Verfahren wurden bei der Suche nach Wolfram und besonders nach Quecksilber erfolgreich eingesetzt. Trotz 11jähriger recht intensiver Arbeiten genügen die gewonnenen Unterlagen noch nicht für eine einigermaßen lückenlose Inventur der spezifischen Mineralisationen in den Gebirgsschichten über dem armorikanischen Sockel.

Der 2. Teil bringt auf 14 Tafeln die Farbaufnahmen von 50 Mineralen in 10- bis 16facher Vergrößerung, enthält Karten über die regionale Verteilung der wichtigsten Minerale und ihrer Anreicherungen in den Alluvionen und gibt kurze Hinweise zu jedem Mineral über seine Charakteristiken zur Erkennung im Sichertrog, über die Art seiner Lagerstätten und die Lage der mineralisierten Gebiete. Dieser Atlas bildete bereits mehrmals eine wichtige und zuverlässige Grundlage für die Aufstellung weiterer Schürfprogramme.

Die in dem Buch vorgelegte Arbeit gibt eine ausgezeichnete Dokumentation und Auswertung der im armorikanischen Massiv durchgeführten Schwermineraluntersuchungen. Alle beigegebenen Karten und Profile lassen Sorgfalt und Umsicht bei ihrer Auswahl erkennen. Sie unterstützen wirkungsvoll die Ausführungen des sehr flüssig geschriebenen, klar und übersichtlich gegliederten Textes. Besonders sind die gutgelungenen Buntbilder hervorzuheben, auf denen die Minerale nach Form und Farbe in ihrer charakteristischen Natürlichkeit zu erkennen sind. Die Verf. kann man zu der in jeder Richtung gutgelungenen Arbeit beglückwünschen. Da auch die drucktechnische Ausstattung des Buches nichts zu wünschen übrig läßt, konnte das B. R. G. M. damit wiederum einen sehr schönen Band aus der Reihe seiner Memoiren vorlegen, dessen Inhalt die regionale Kenntnis erweitert hat und für Geologen, im besonderen für Erkundungsgeologen, für Lagerstättenkundler, Mineralogen und Geochemiker von Interesse sein wird.

K. DETTE

Autorenkollektiv

Readings in the Earth Science (Sammelband)

San Francisco: Verl. W. H. Freeman & Co., Scientific American Resource Library 1969. Bd. I, 43 Aufs., 306 S.; Bd. II, 31 Aufs., 315 S., Tab. u. zahlr. Abb.

Unter dem Gesamttitel „Science American Resource Library" faßt der Verlag Veröffentlichungen aus den einzelnen Wissensgebieten zusammen. Das vielbändige Sammelwerk enthält mehr als 700 Artikel, deren jeder schon gesondert in der „Scientific American Offprint Serie" erschienen ist. Den bisher vorliegenden Reihen Chemie, Physik und Technologie, Psychologie, Sozialwissenschaften wurde nun jetzt die Reihe „Erdwissenschaften" zugefügt. Die beiden Bände enthalten also eine Zusammenstellung zu unterschiedlichen Zeiten (1955—1963) erschienener Aufsätze aus den verschiedensten Gebieten der Erdwissenschaften im weiteren Sinne. Das gesamte Kompendium beleuchtet in allgemeinverständlichen Beiträgen aktuelle, geowissenschaftliche Probleme, die von anerkannten Fachgelehrten erörtert werden. Am Schluß der einzelnen Beiträge wird eine kurze Biographie des jeweiligen Autors gegeben.

W. H. MATTHEWS III weist in seiner kurzen Einführung darauf hin, daß man alle Beiträge sehr sorgfältig nach ihrem Inhalt auswählte. Da sie zugleich flüssig geschrieben sind und der Text reichhaltig illustriert wurde, geben sie eine gute Einführung in das jeweils behandelte Wissensgebiet und machen dort zugleich mit der wichtigsten wissenschaftlichen Literatur vertraut. Die Aufsätze vermitteln, oft vor einem geschichtlichen Hintergrund, die gegenwärtigen Fortschritte auf dem jeweiligen Wissenszweig und berichten zugleich über noch ungelöste Probleme. So ist verständlich, daß diese Scientific-American-Artikel in den USA ein beliebtes Unterrichtsmittel für Hochschulen und öffentliche Lehranstalten abgeben.

Der Inhalt der Beiträge der beiden Bände gruppiert sich um einige im Sachindex herausgestellte Hauptthemen.

Ursprung, Aufbau und Entwicklung der Erde	6	Beiträge
Bestandteile, Kräfte und Vorgänge auf der Erde	24	„
Ozeane, Atmosphäre, Wetter, Klima	30	„
Die Zeit und die Entwicklung des Lebens	17	„
Die Antarktis	9	„

Aus der Fülle der Beiträge in beiden Bänden sollen nachfolgend einige genannt werden, um an der breiten Palette der Thematik die Aktualität der Zusammenstellung zu zeigen. So lauten einige Titel: Sand; — Das Erdinnere; — Die Entstehung untermeerischer Täler; — Radiokarbone Datierungen; — Zirkulation der Ozeane; — Der Ursprung von Granit; — Boden; — Präkambrische Tiere; — Mikropaläontologie; — Krisen in der Geschichte des Lebens; — Die Bestätigung der Kontinentaldrift.

Neben der Vielseitigkeit des Inhalts beider Bände ist die reichhaltige Illustrierung jedes Aufsatzes hervorzuheben. Fotos, Tabellen, einprägsame Skizzen und Blockbilddarstellungen wechseln miteinander ab. Karten und Zeichnungen sind oft farbig wiedergegeben. Die Aufsätze bieten auch unseren Geowissenschaftlern vielfältige Anregungen und machen mit wichtiger amerikanischer Originalliteratur bekannt. Der Verlag hat die beiden Bände gediegen ausgestattet.

K. Dette

Gigout, M.

Recherche sur le Quaternaire du Bas-Dauphiné et du Rhône moyen

Paris: Bureau de Recherches géologiques et minières, Mémoires, Nr. 65, 1969. 91 S., 19 Fig., 2 Tab., 1 geol. Karte

Die Arbeit ist als Ergebnis einer nochmaligen dreimonatigen Geländearbeit in den Gebieten von Lyon, Valence und der Bas-Dauphiné die Fortführung und Zusammenfassung früherer Veröffentlichungen des Verf., von denen je zwei in den Jahren 1960, 1964 und 1965 erschienen sind. Die Bedeutung der jetzigen Veröffentlichung liegt in der speziellen Darstellung sämtlicher beobachteten Einzelheiten und in der Beurteilung des Wahrscheinlichkeitsgrades der gegebenen Interpretationen. Manche Gedanken sind bereits im vorhandenen Schrifttum geäußert, von dem im Literaturnachweis lediglich 42 Titel aufgeführt sind. Auf eine kritische Analyse der vielen z. T. recht gegensätzlichen Ansichten hat der Verf. in diesem Rahmen weitgehend verzichtet.

Die geologische Karte 1 : 200000 umfaßt das Gebiet von nördlich Lyon bis südlich Valence. Auf diesem in N—S-Richtung 130 km langen und in W—E-Richtung 15 bis 60 km breiten Ausschnitt sind im allgemeinen östlich der Rhône glaziale und fluviatile Bildungen des Pleistozäns dargestellt. Der Text ist in 7 Kapitel gegliedert; in 6 von ihnen werden die Verhältnisse der einzelnen Gebiete geschildert. Das Schlußkapitel enthält eine kurze Zusammenfassung und vergleichende Betrachtungen.

Im Bièvre-Valloire lagen, wie auch im weiteren Untersuchungsgebiet, zu Beginn des Pleistozäns miozäne und pliozäne Sedimente, unter denen die verfestigte, aber wenig widerstandsfähige, aus tonigen Sanden bestehende miozäne Molasse die Hauptrolle spielt. Über sie sind drei Eisvorstöße hinweggegangen, die mit gewissen Vorbehalten stratigraphisch eingeordnet und mit Mindel-, Riß- und Würmvereisung parallelisiert werden. Die Mindelgletscher sind am weitesten vorgerückt. Jedem Maximum entspricht eine, dem Mindel entsprechen zwei bis in das Rhônetal zu verfolgende Hauptterrassen. Im Mindel vereinigen sich im Bièvre-Valloire zwei Gletscher, nach deren Rückzug eine oberflächige Rotfärbung ausgebildet wird. Im Riß liegt das Tal ebenfalls unter zwei sich aber nicht mehr vereinigenden Gletschern. Ein höherer roter Boden bildet sich auf den Rißmoränen. Die Gletscher der Würmvereisung rückten noch weniger weit vor; ihr Material bildet eine 3. Ebene, auf der wiederum ein roter Boden entwickelt ist.

Im Tal der unteren Isère und ihren Nebentälern sind neben Mindel- und Rißterrasse und Moränenresten die drei Würmterrassen besonders gut ausgebildet. Ausführlich werden die einzelnen Terrassenbildungen des Piémont östlich von Vercors beschrieben, die Geodynamik ihrer Bildung untersucht und in einer Synthese die Zugehörigkeit der vielen, oft nur geringflächigen Terrassenreste diskutiert und ihre zeitliche Einstufung vorgenommen. Dabei wird der Löß von Saint-Vallier in Übereinstimmung mit F. Bourdier (1961, 1965) einer zweiten altpleistozänen Kaltzeit zugeschrieben. Das Villafranca erscheint hier also als zwei durch ein Interglazial getrennte Kaltzeiten. Die Ebene von Lyon umfaßt gleichfalls aus miozäner Molasse aufgebaute Gebiete. Wie im Bièvre-Valloire sind mehrere Moränenbildungen ineinandergeschachtelt. Vor den ersten Hügeln des Zentralmassivs liegen Reste von Stirnmoränen, wahrscheinlich des Mindelvorstoßes. Auch zwischen Lyon und Vienne sind Grundmoränen und fluvioglaziale Bildungen des Mindelvorstoßes formbestimmend. Die Ablagerungen des gut zu verfolgenden Rißgletschers liegen von 310 m bei Grenay bis in 200 m NN östlich Lyon. Aus dem Riß-Würm-Interglazial sind ein häufig rotgefärbter Paläosol und kryoturbate Strukturen bekannt. Das Würm hinterließ am Ostrand der Lyoner Ebene Moränenhügel. Im Gebiet von Vienne gelang es, durch Analyse einer alten Plattform den Rand der Mindelvereisung festzulegen und ihre Lage unter dem Villafranca-Plateau zu erkennen. In Karten, Profilen und Tabellen werden die pleistozänen Terrassenbildungen der Rhône und ihrer Nebentäler dargestellt.

Im behandelten Gebiet sind sicher drei Vereisungen wirksam gewesen, die Aufgliederung des Würms in drei Stadien wurde nachgewiesen. Damit konnten auch die größeren klimatischen Veränderungen für das gesamte Pleistozän erkannt werden. Unter Einbeziehung der bei Saint-Vallier wahrscheinlich gemachten Untergliederung der altpleistozänen Kaltzeit sind im Untersuchungsgebiet mindestens fünf größere Klimaschwankungen für das Pleistozän anzusetzen, ohne daß die älteste mit dem Villafranca von Chambaran gleichgesetzt werden konnte.

Die vorliegende Studie verfolgt Ablauf und Entwicklung des Pleistozäns im Gebiet der mittleren Rhône und einiger Nebentäler. Aus den engräumigen Regionen der behandelten Landschaften werden viele Beobachtungen vorgetragen und abschließend zu einem Gesamtbild vereinigt. Dem Verf. ist es recht gut gelungen, die Fülle spezieller Einzelheiten in dem übersichtlich gegliederten und klaren Text zusammenzustellen. Das Buch bietet für Geologen, besonders für Quartärgeologen, sowie für Geographen wertvolle Hinweise über einen in seiner pleistozänen Entwicklungsgeschichte bisher weniger bekannten Raum. Das B. R. G. M. hat dem Buch zugleich den in der Reihe seiner Memoiren nun schon bekannten gediegenen äußeren Rahmen gegeben.

K. Dette

Autorenkollektiv

Gesammelte Beiträge der Naturwissenschaftlichen Fakultät der Palacký-Universität in Olomouc
Geographie — Geologie, VIII, Bd. 23

Olomouc: Ústřední knihovna prirodovedecké fakulty Wurmova, 7, 1968. 427 S., zahlr. Abb., Karten u. Tab., Kčs 38,50

Der umfangreiche, mit Abbildungen, Tabellen und Übersichtskarten gut ausgestattete Band ist vorwiegend der Behandlung von geographischen Fragen gewidmet. Lediglich die dritte Arbeit, von Ladislav Zapletal über „Genetische und morphologische Klassifikation anthropogener Reliefformen" greift in den Bereich geologisch-morphologischer Probleme hinein. Der Verf. gliedert die anthropogen bedingten Oberflächenformen in neun Gruppen und zählt zu ihnen: Halden, Kippen, Pingen, Brüche, Abräume, agrarische Terrassen, Höhlen, Dämme, Deiche, Grabhügel, Kulturhügel, Trümmerberge etc. Die Grundsätze der anthropogenen Geomorphologie werden herausgearbeitet. In einer kurzen Übersicht erfolgt eine Gegenüberstellung der Erkenntnisse in dieser Spezialdisziplin zwischen den Wissenschaftlern der ČSSR und des Auslands. K. Kauter

Lombard, J. (Hrsg.)
im Auftrag der ASGA und UNESCO

Carte minérale de l'Afrique 1 : 10000000

Paris 1969, UNESCO, F 35

Nach der 1964 veröffentlichten Geologischen Karte von Afrika und der 1968 erschienenen Tektonischen Karte von Afrika gab die "Association des Services Géologiques Africains" (ASGA) gemeinsam mit der UNESCO eine Lagerstättenkarte von Afrika im Maßstab 1 : 10000000 heraus. In dieser Karte sind, ausgedrückt in 10 Farben, annähernd 600 Lagerstätten dargestellt. Von 47 afrikanischen Staaten haben 39 eingehende Informationen zu diesem Werk beigesteuert. Angaben über Kohlenwasserstoffe stammen aus Informationsquellen des afrikanischen Zweigs einer ausländischen Erdölgesellschaft.

In einer zu dem Kartenwerk gehörenden Broschüre sind die Mineralproduktionen pro Land und Substanz für das Jahr 1966 aufgezeichnet. Daneben finden sich eine Bibliographie und exakte Angaben über die Quellen, nach denen diese Arbeit zusammengestellt wurde.

Für die Schlußredaktion zeichnet neben anderen bekannten Lagerstättenkundlern JEAN LOMBARD. Das Gesamtwerk bietet einen ausgezeichneten Überblick über die derzeitigen Kenntnisse afrikanischer Lagerstätten. K. KAUTER

PODMAROFF, P.

The application of computer techniques to exploration for oil and gas

„Journal of the Institute of Petroleum", London, Jg. 55 (1969), H. 541, S. 14—21, 5 Abb.

Die Computertechnik wird mit zunehmendem Erfolg in der Erdöl-Erdgas-Erkundung eingesetzt, da hier über längere Zeiträume große Datenmengen verschiedener Art anfallen, die manuell in der Regel nur oberflächlich verarbeitet werden können. Besondere Bedeutung kommt der Speicherung von Bohrlochdaten zu (Bohrlochbezeichnung, Lage, Höhe, Klassifikation, Zustand, Endteufe, erzielte Produktion, Drücke, Ergebnisse der Kern-, Gas-, Öl-, Wasseranalysen, Angaben über ausgeführte Bohrlochmessungen, stratigraphische, lithologische, paläontologische, ökonomische Angaben usw.). Für den zweckmäßigen Aufbau eines solchen „basic well data system", mögliche Ergänzungen und die Art, wie das System auf dem neuesten Stand zu halten ist, werden wertvolle Hinweise gegeben. Es ist zweckmäßig, möglichst frühzeitig mit der Datenspeicherung zu beginnen, um zu vermeiden, daß zu einem späteren Zeitpunkt immense Datenmengen vorliegen, deren Präparierung — z. B. auf Lochkarten — umständlich und zeitraubend wäre. Im übrigen wird davor gewarnt, zu viele Detailinformationen zu speichern, die selten genutzt werden, da diese das System nur belasten und verteuern.

Die derart gespeicherte Information kann auf vielfältige Weise genutzt werden, wobei die Lieferung einfacher Berichte, z. B. ökonomischen oder geologischen Inhalts, durch Datenauszüge („report generation") von den spezielleren und komplizierteren geologischen Anwendungen unterschieden wird. Die maschinelle Aufzeichnung geologischer (z. B. Isopachen-)Karten, gegebenenfalls kombiniert mit maschineller Weiterverarbeitung der Primärdaten, eröffnet Möglichkeiten, die die der manuellen Verarbeitung der Daten weit übersteigen. K. LEHNERT

Autorenkollektiv

Deep Sea Drilling Project staff
Deep Sea Drilling Project. Leg 2

„Geotimes", Jg. 14, Nr. 3 (1969), S. 11—12

Über die am 25. Nov. 1968 beendete 2. Reise des Bohrschiffs „Glomar Challenger" im Rahmen des Deep Sea Drilling Project wurden im März-Heft von „Geotimes" einige bemerkenswerte Angaben gemacht. Das Ziel dieser Reise von New York nach Dakar, Senegal, war, ein durch Bohrungen belegtes Profil von Nordamerika über den Mittelatlantischen Rücken nach Westeuropa zu schaffen. Auf den Bohrpunkten 8 bis 12 wurden 10 Bohrungen in Wassertiefen von 3571 bis 5184 m niedergebracht. Bei einer Gesamttiefe der zwischen 21,3 und 835,5 m tiefen Bohrungen von 3023,1 m wurden 641,1 m gekernt und davon 208 m, d. h. rd. 32,5%, ausgebracht. In den einzelnen Bohrungen schwankten die Längen der ausgebrachten Bohrkerne zwischen 2,7 und 76,5 m.

Die auf den Flanken des Mittelatlantischen Rückens angesetzten Bohrungen 10 und 11 ergaben im wesentlichen foraminiferenführenden Kreideschlick. In der tiefer angesetzten Bohrung 10 wurden darin zuoberst einige zeolithische Toneinschaltungen angetroffen und im unteren Teil häufig Dolomitrhomboeder beobachtet. Schließlich folgten halbverfestigte kalkige Sedimente der Kreide über Basalt. Im höher angesetzten Bohrpunkt 11 wurden kalkige Sedimente des Miozäns über Basalt angetroffen.

Die in den ozeanischen Becken beiderseits des Mittelatlantischen Rückens angesetzten Bohrungen 8 und 12 durchsanken quartären und jungtertiären foraminiferenführenden Schlick und endeten in eozänen Radiolariten, die beim Bohrpunkt 8 mit aller Vorsicht als der weitverbreitete seismische Horizont A angesprochen werden können. Im Bohrloch 12 wurden noch über den eozänen Radiolariten fossilarme zeolithische Tiefseetone mit Tuffeinschaltungen festgestellt.

Der Bohrpunkt 9 wurde auf der Ostflanke der Bermuda-Erhebung gewählt, die durch das Südende der Sohm-Tiefsee-Einebnung (Sohm Abyssal Plain) von dem Mittelatlantischen Rücken getrennt ist. Hier wurden kalkige Sedimente der Oberkreide festgestellt, die nach unten in einen mächtigen (610 m) Abschnitt zeolithischer Tiefseetone übergehen, die nur selten schlecht erhaltene Fossilien führen. Im oberen Teil der Bohrung wurden Radiolarite des unteren und mittleren Eozäns angetroffen.

Die vorläufigen Ergebnisse der 2. Reise scheinen die Hypothese der sich ausbreitenden Ozeane zu bestätigen, vorausgesetzt, daß die in den Bohrungen angetroffenen Basalte der ozeanischen Kruste zugerechnet werden können und nicht basaltischen Ergüssen entsprechen, die älteren Sedimenten eingeschaltet sind. Weiterhin ist bemerkenswert, daß sowohl im westlichen als auch im östlichen Atlantik-Becken Radiolarithorizonte des unteren bis mittleren Eozäns festgestellt werden konnten, woraus sich gleichartige Ablagerungsbedingungen in dieser Zeit ergeben.

Inzwischen ist am 23. Januar 1969 die 3. Reise der „Glomar Challenger" in Rio de Janeiro erfolgreich beendet worden, wodurch ein Profil über den südlichen Teil des Mittelatlantischen Rückens gewonnen wurde. H. REH

STEPANJANZ, A. A.

Oberflächenaktive Stoffe, ihre Bedeutung und Anwendung beim Aufschluß von produktiven Schichten und Testen von Bohrungen

Verlag Nedra, Moskau 1968, S. 241—269
(aus: „Aufschluß produktiver Schichten")

Dem Einsatz von oberflächenaktiven Stoffen wird wissenschaftlich und praktisch erhöhte Aufmerksamkeit geschenkt, um eine Verringerung der schädlichen Einwirkung der Spülung auf die Durchlässigkeit der produktiven Schichten und dadurch bessere Test- und Förderbedingungen zu erreichen. Nach REBINDER erfolgt eine Einteilung der Tenside nach ihrem chemischen Aufbau und ihrem Einsatz. Weitere Untersuchungen lassen Schlußfolgerungen über die Aufgabe, die Wirkung und den Mechanismus bei der Verdrängung des Wassers durch das Öl oder des Öls durch das Wasser durch Tenside zu. Die besten Ergebnisse sind dabei von wasserlöslichen Tensiden zu erwarten, die an der Feststoffoberfläche chemisch adsorbiert werden und eine neue hydrophobe Oberfläche bilden.

Anhand einer Zusammenstellung der bekannten Arbeiten auf diesem Gebiet werden einige spezielle Produkte, wie UFE 8 und KAUFE 14, ausgewählt und ihre Wirkung bei der Senkung der Oberflächenspannung erläutert. Eine minimale Schaumbildung wird beim Einsatz in Bohrspülungen gefordert. Die gesamte Abgabe des Oklahoma-Erdöls aus dem Sandstein beim Zusatz von nichtionogenen Tensiden war 78,1%, bei kationenaktiven 71,2% und bei anionenaktiven 68,7%. B. HEYNE

KANTAKUSEN, A. W., & N. A. LUZENKO

Zur Frage der Festigkeit von Tamponagezementen

„Neftjanoje chosjaistwo", (1967), Nr. 3, S. 31—33

Bei der Überarbeitung der GOST-Norm 1581—63 wurde die Festigkeit des Zementes nicht berücksichtigt. Ausgehend von Arbeiten von FERRIS in den USA wird festgestellt, daß die Festigkeitsanforderungen der GOST-Norm zu hoch sind. Die Untersuchungen verschiedener Autoren zeigen übereinstimmend, daß eine möglichst hohe Dichtheit des Zementmantels wichtiger ist als die Einhaltung bestimmter Festigkeitswerte. Die Anwendung von spezifischen Zementmischungen mit verschiedenen mineralischen Zusätzen wird dadurch ebenfalls erschwert.

Bei der Betrachtung der Festigkeiten des Zements müssen vor allen Dingen Fragen über den Charakter und die Größe der bei den verschiedenen Belastungen des Zementmantels auftretenden Spannungen geklärt werden. Hierzu muß ebenfalls die Untersuchungsmethodik der Bohrlochzemente überarbeitet werden. K. SCHULZE

Informationen

Mineralreichtum des Fernen Ostens der UdSSR

Unter dem Begriff Ferner Osten der UdSSR sind die Gebiete von Primorje, Chabarowsk, Amur, Kamtschatka, Magadan und Sachalin zusammengefaßt. Diese Region, gekennzeichnet durch einen äußerst komplizierten geologischen Bau, ragt durch ihre Vielfalt an Lagerstätten mineralischer Rohstoffe hervor. Hier liegen die ertragreichsten Zinnlagerstätten, aus denen 95% der gesamten Zinnproduktion des Landes stammen. Es kommen sowohl Vererzungen der Kassiterit-Sulfid-Formation als auch der Kassiterit-Quarz-Formation vor. Besonders bekannt sind die Lagerstätten Deputatskoje, Mjaotschan und Chingan.

Die Vorräte an Eisenerz in diesem Gebiet werden für die Klassen A, B und C_1 mit 417 Mill. t angegeben. Schließt man die C_2-Vorräte ein, dann betragen sie 565 Mill. t. In der Hauptsache handelt es sich dabei um präkambrische Magnetiterze. Als besonders beachtenswerte Lagerstätten sind Gavinsk und Kimkansk zu nennen.

Außerdem finden sich in dieser Region bedeutende Lagerstätten von Gold, Blei-Zink und Wolfram, Quecksilber, Steinkohle, Braunkohle, Erdöl, Schwefel und keramischen Rohstoffen. Es soll nicht vergessen sein, daß in letzter Zeit die geothermischen Energiequellen hier eine immer größere Rolle spielen.

Neuerscheinungen und Literaturhinweise

MATHERON, G.

Grundlagen der angewandten Geostatistik
Isd-wo Mir, Moskau 1968. – 480 S., 50 Tab. (aus dem Franz.)

OLEINIKOW, A. N., & J. I. MICHAILOWA

Die Verwendung von Lochkarten in der Geologie
Isd-wo Nedra, Leningrad 1968. – 168 S., 44 Abb., 6 Tab.

WEKLIN, M. P.

Stratigraphie der Lößformationen in der Ukraine und den angrenzenden Ländern
Isd-wo Nauk dumka, Kiew 1968. – 240 S., 97 Abb., 12 Tab.

Autorenkollektiv

Das Quartär auf dem Gebiet der USA, Bd. 1
Isd-wo Mir, Moskau 1968. – 696 S. (aus dem Engl.)

MILLOT, G.

Geologie der Tone. Verwitterung, Sedimentation und Geochemie
Isd-wo Nedra, Leningrad 1968. – 360 S., 65 Abb., 15 Tab., 12 Taf. (aus dem Franz.)

OSSIPOW, W. I.

Ermittlung der Dichte und Feuchtigkeit von Böden aus der Streuung von Gammastrahlen und Neutronen
Isd-wo Mosk. uniw., Moskau 1968. – 160 S., 68 Abb., 27 Tab.

Autorenkollektiv

Erkundungsgeophysik. 25. Folge
Isd-wo Nedra, Moskau 1968. – 116 S.

Autorenkollektiv

Kristallchemie (Ergebnisse der Wissenschaft 1966)
Isd-wo WINITI, Moskau 1968. – 176 S.

Autorenkollektiv

Probleme des Kristallwachstums
Isd-wo Mir, Moskau 1968. – 392 S. (aus dem Engl.)

Erdölsuche vor der Küste Japans

Die eigene Produktion Japans an Erdöl und Erdgas ist 1967 mit 5,5 Mill. bbl äußerst gering. Der Anreiz, im eigenen Lande selbst nach Kohlenwasserstoffkonzentrationen zu suchen, ist wegen der geologischen Struktur der Inseln auch nicht sehr groß. Bedeutend interessanter in dieser Hinsicht sind gewisse Bereiche vor den Küsten. Hier zeichnen sich vor allem folgende Gebiete als höffig ab (Abb.):

Abb. Lage der Offshore-Suchgebiete um Japan

1. das Gebiet nördlich der Insel Hokkaido in der Lapérouse-Straße, zwischen Hokkaido und der Insel Sachalin;
2. die Westküste der Insel Honschu, im Bereich der Städte Akita und Niigata;
3. die Straße von Korea von den Oki-Inseln an über die Inseln Tuschima, die Goto-Inseln bis weiter südlich der Dantscho-Inseln;
4. die Westküste der Insel Kjuschu, vor allem die Bucht von Nagasaki.

Tab. Bisherige Unterwasserbohrleistungen

Jahr	Anzahl	Lokalität	Charakter	Ergebnis
1966	4	Küste von Niigata	Felderweiterungen des Landerdgasfeldes Kubiki	2 Erdgas 2 trocken
1967	4	?	Suchbohrungen	trocken
	1	bei Akita	Schichtenerkundungsbohrung	
1968	1	vor Niigata	Suchbohrung	?

(Angaben nach PPS, 2/69)

Am weitesten fortgeschritten ist die Untersuchung des Nordteils des unter 3. genannten Gebiets mit einer Breite von über 100 km und einer Längenerstreckung von ca. 600 km. Diese Zone wurde 1968 bereits aeromagnetisch vermessen. Mitte dieses Jahres sollen regionale seeseismische Messungen folgen. Sie gehen 1970 in seeseismische Spezialvermessungen über. Die erste Suchbohrung bei einer Wassertiefe von 100 bis 200 m wird nicht vor 1970/1971 möglich sein.

Die bisherigen Funde von Kohlenwasserstofflagerstätten im Land und an der Küste sind wenig bedeutungsvoll. Die einzige entwickelte größere Unterwassererdöllagerstätte ist die von Tsutschisaki, unmittelbar an der Küste von Akita. Weitere Fundpunkte im Küstenbereich sind Nijgata und Kaschiwasaki. Es besteht auch eine kleine Förderung auf Hokkaido.

Zur Entwicklung der Erdöl-Erdgas-Industrie von Uchta

Im Petschorabecken, im N der UdSSR, sind seit dem 16. Jahrhundert Kohlenwasserstofflagerstätten bekannt. Trotz des Abteufens von etwa 30 weiteren Suchbohrungen konnten bis zum Jahre 1917 keine wesentlich neuen Lagerstätten dort entdeckt werden. Erst als Ergebnis intensiver geologischer Vorarbeiten, die sich vor allem auf das Jahr 1929 konzentrierten, wurde 1930 dort die erste bedeutende Lagerstätte erschlossen. Seit dieser Zeit konnten in diesem Gebiet viele weitere Erdöl- und Erdgaslagerstätten nachgewiesen werden. Die größte Erdöllagerstätte ist Westtebuk im S der Petschoradepression. Mit Vorräten von über 200 Mrd. m^3 Erdgas und 60 bis 70 Mill. t Kondensat ist Wuktyl im oberen Petschorabecken der Voruralsenke die größte Erdgaslagerstätte dieser Provinz. Bis 1970 soll die jährliche Erdgasförderung dort auf 8 bis 10 Mrd. m^3 ansteigen.

Wachsendes Interesse an Offshore-Gebieten um Nordamerika

Die Produktion aus Erdöllagerstätten in den bekannten Offshore-Gebieten um Nordamerika nimmt zu. Derzeit werden allein in den USA 143000 t täglich gewonnen.

Mexikanische Interessenten versuchen z. Z., die berühmte Lagerstätte von Golden Lane im Offshore-Bereich des Golfs von Mexiko zu erkunden. In Kanada zeigt man für Projekte zur Untersuchung der Neufundlandbank, der Hudsonbay und der Küstengebiete vor British Columbia und den arktischen Inseln große Aufmerksamkeit.

Die USA selbst konzentrieren ihre Suchtätigkeit auf den Golf von Mexiko entlang der Küste von Louisiana. Hier sind augenblicklich 115 Bohrplattformen eingesetzt, gegenüber von nur sechs Anlagen, die vor Texas bohren. Das Interesse erstreckt sich auch auf die Küstenbereiche von Mississippi und Alabama.

In Alaska liegt der Schwerpunkt der Arbeiten im Cook-Inlet-Becken, in dem weitere bedeutende Funde erwartet werden.

SFR Jugoslawien forciert Erdölproduktion

Die SFR Jugoslawien widmet ihrer Erdölwirtschaft besondere Aufmerksamkeit. Dies gilt vor allem für das autonome Gebiet Voivodina, in dem erst 1945 Such- und Erkundungsarbeiten nach Kohlenwasserstoffen aufgenommen worden sind. Hier soll die Produktion 1970 rd. 800000 t pro Jahr ergeben. Das entspricht einem Drittel der derzeitigen Förderung des Gesamtgebiets des jugoslawischen Staates.

Gleichzeitig sind die Rekonstruktion und Modernisierung der ältesten und größten Erdölraffinerien des Landes abgeschlossen worden. Hier können nun jährlich 1,5 Mill. t Rohöl verarbeitet werden. Die Gesamtkapazität dürfte 1970 bereits 15,7 Mill. t erreichen. Dabei wird sich folgendes Bild ergeben:

Raffinerie	Bosanski-Brod	3	Mill. t
,,	Pancevo	3	,, ,,
,,	Rijeka	4,2	,, ,,
,,	Sisak	3,2	,, ,,
,,	Bar (projektiert)	1,5	,, ,,
,,	Novi Sad	0,8	,, ,,

Profil der Tiefbohrung Krośniewice IG—1

Die Tiefbohrung Krośniewice IG—1, angesetzt in einem Sattel der Struktur Kutno, im Bereich der Kujawischen Schwelle in der VR Polen, hat folgendes geologische Profil durchteuft:

0— 61 m	Quartär
— 225 m	Oberer Jura
— 925 m	Mittlerer Jura
—2096 m	Unterer Jura
—2248 m	Trias — Oberes Rhät
—2475 m	Unteres Rhät
—3730 m	Oberer Keuper
—4490 m	Unterer Keuper
—4717 (E) m	Muschelkalk

Die Untersuchungen haben bestätigt, daß halokinetische Prozesse bereits im Muschelkalk einsetzten. Zu Salzaufstiegen kam es zu Ende der Unteren Gips-Serie des Oberen Keupers. Weitere Aufstiegsbewegungen sind an der Grenze Keuper/Rhät und mehrfach im Mittleren und Oberen Jura bekannt geworden. Nach Auswertung der seismischen Daten kann mit Gesteinen des Präzechsteins erst von 7500 m Teufe an gerechnet werden.

Eisenerze Venezuelas

Die jährliche Eisenerzförderung Venezuelas liegt bei 35 Mill. t. Die bedeutendsten Eisenerzlagerstätten befinden sich im sogenannten „Eisendreieck" von Bolivar. Die Erze sind denen von Itabira, Brasilien, und Nimba, Liberia, ähnlich. Bisher wurde nur das kleinere Revier gründlich untersucht, das von San Isidro. Es umfaßt 285 km^2. Hier konnten 522 Mill. t „sichere" und 267 Mill. t „wahrscheinliche" Vorräte festgestellt werden. Ihr Eisengehalt beträgt 58%; der SiO_2-Gehalt liegt unter 3%. Weitere 780 Mill. t Eisenerz, als „wahrscheinliche" Vorräte deklariert, haben einen Fe-Gehalt von 45% und einen SiO_2-Gehalt von weniger als 20%.

Die Erze im Palabora-Komplex

Palabora, in der Südafrikanischen Republik, gilt als eine kombinierte Lagerstätte, in der gleichzeitig Kupfer, Phosphat, Vermiculit und Baddeleyit abgebaut werden. Bezüglich des Kupfers ist die Mine auf dem Weg, einer der größten Tagebaubetriebe der Welt zu werden. Als Träger des Kupfererzes wird der senkrechte, schlotförmige Karbonatitkern angesprochen. Als Träger des Apatits gilt der ringförmig um den Schlot liegende „Phoscorit". Der Vermiculit ist an einigen Stellen im Pyroxenit, der Baddeleyit im Karbonatit und im Phoscorit angereichert. Durch den Tagebau bis in eine Teufe von 400 m werden mehr als 300 Mill. t Erz erfaßt.

Asbest im Zentralural

Der asbestführende Bezirk von Krasnouralskoje im Zentralural gilt nach den neuesten Ergebnissen der geologischen Untersuchungsarbeiten als überaus perspektivisch. Mit Spezialkartierungen und durch das Abteufen von Strukturbohrungen konnte nachgewiesen werden, daß sich mehrere kleine Asbestlager zu einem einheitlichen großen Mineralkörper zusammenschließen. Die neuerdings nachgewiesenen Asbestvorräte übersteigen die früher errechneten Mengen um das 24fache. Insgesamt schätzt man in diesem Raum Vorräte an Chrysotylasbest auf 25 bis 30 Mill. t. Die bei den geologischen Aufnahmen angewandten Methoden zur Neueinschätzung von Gebieten mit mineralischen Rohstoffen können auch anderwärts in ähnlich gelagerten Fällen angewandt werden.

Neue Wege der Wasserversorgung am Niederrhein

Um den vor allem in Ballungsgebieten ständig steigenden Wasserbedarf zu decken, werden seit langem in verschiedenen Teilen Westdeutschlands Talsperren gebaut. Neben dieser klassischen Art der Wasserbeschaffung gibt es weniger aufwendige Verfahren. In jüngster Zeit wird darüber diskutiert, ob man den Rhein anzapfen und sein Wasser in großen Becken speichern kann. Der „Große Erftverband", der an der Beschaffung von Wasser für den Kölner Raum mitwirkt, erörtert bereits derartige Pläne des Braunkohlenbergbaus, die über das Jahr 2000 hinausgehen. Denn schon jetzt stehen große Speicherbecken im Zusammenhang mit den Braunkohlentagebauen bereit. Der später zur Verfügung stehende Speicherraum wird einen Rauminhalt von über 3 Mrd. m^3 haben, während alle Talsperren Westdeutschlands zusammen nur einen Gesamtspeicherraum von 2,4 Mrd. m^3 haben. Die offenen Tagebaue werden sich als Trinkwasserspeicher durch Zuführung von Wasser aus der fließenden Welle, d. h.

aus dem Rhein, sehr schnell füllen lassen. Hierzu ist ein Verbindungsstollen vom Rhein bis zu den einstigen Tagebauen gedacht, der etwa 20 km lang sein würde und in Festgesteinen devonischen Alters vorgetrieben werden muß. Für den Stollenvortrieb kann eine Vortriebsmaschine eingesetzt werden, die sich bereits beim Durchstoßen der Schwäbischen Alb für die Fernwasserversorgung Stuttgarts mit Bodenseewasser bewährt hat. Das Projekt hat schon jetzt, lange vor der Auskohlung, aktuelle Bedeutung. Denn bereits heute stehen für die öffentliche Versorgung Grundwassermengen zur Verfügung, die man zur Trockenhaltung der Tagebaue abpumpt. Sie werden jedoch bisher nur zu einem geringen Teil genutzt, weil Städte und Gemeinden den Aufwand für die Verteilung des Wassers scheuen, wenn zu befürchten ist, daß das derzeitige große Wasserangebot nicht über mindestens 50 Jahre aufrechterhalten werden kann. Die geschilderten Pläne jedoch bieten die Gewähr für Anschlußprojekte, die weit über diesen Zeitraum hinausreichen und die für lange Zeit eine ausreichende Trinkwasserversorgung gewährleisten.

MURR

Das Meer als Lieferant von mineralischen Rohstoffen

Die Nutzung des Meeres als Lieferant von industriell nutzbaren Rohstoffen ist mit dem Anlaufen eines beachtenswerten Projektes im Roten Meer in eine neue Phase getreten. Im Jahre 1965 wurden erstmalig in dem „Zentralgraben" dieses Meeresarmes in etwa 2200 m Tiefe Spuren von Buntmetallen festgestellt. Nachfolgende Untersuchungen ergaben folgendes detailliertes Bild. Unter dem Meerwasser der Oberfläche treten hochkonzentrierte Salzlaugen auf. Die Temperatur wurde mit 58 °C ermittelt. Die Entstehung dieser „Salzlaugentümpel" ist derzeit noch umstritten. Unterhalb von ihnen wird die Lauge in einer schlammigen Masse metallisch. Geochemiker stellten Metallgehalte von 30 bis 40% Eisen, 0,5 bis fast 1% Kupfer und bis zu 10% Zink im Schlamm fest. Die von verschiedenen Forschungsschiffen aus angestellten Untersuchungen ergaben keine einheitlichen Werte. Die genannten Daten scheinen Maximalwerte zu sein. Aber auch mit geringeren Gehalten wären solche Schlämme als wertvolle Lagerstätten anzusehen, insbesondere, da ihre Mächtigkeit und Ausdehnung sehr hoch sein sollen.

Derzeit laufen neue Untersuchungsarbeiten. Versuche zur Gewinnung dieser Metalle werden vorbereitet.

Absolute Altersbestimmungen im Kaukasus

Von der sowjetischen Akademie der Wissenschaften sind im Kaukasus umfangreiche Untersuchungen über das absolute Alter von Gesteinen vorgenommen worden. Die Bestimmungen wurden mit der K—Ar-Methode ausgeführt. Zusammenfassend können als Ergebnis folgende Daten genannt werden:

1. känozoische Altersgruppe — 3 bis 10 Mill. Jahre
2. mesozoische Altersgruppe (Jura—Kreide) — 120 bis 160 Mill. Jahre
3. jungpaläozoische Altersgruppe (Karbon—Perm) — 250 bis 320 Mill. Jahre
4. mittelpaläozoische Altersgruppe (Devon) — 340 bis 370 Mill. Jahre
5. altpaläozoische Altersgruppe (Kambrium—Silur) — 440 Mill. Jahre?

Röntgen-Fluoreszenzspektroskopie für Mineralanalyse

Der Ekco-Mineralanalysator, eine tragbare Anlage zur Analyse von Erzen im Gelände und im Labor, ist in Zusammenarbeit mit dem Institute of Geological Sciences und der U. K. Atomic Energy Authority von der Ekco Electronics Ltd., Southend-on-Sea, England, entwickelt worden. Er kann eine große Anzahl von Grundstoffen analysieren. Bisher wurden brauchbare Ergebnisse mit Zinn, Kupfer, Blei, Zink, Titan und Molybdän erzielt. Die Verwendung elektronischer Impulszählmethoden bietet erhöhte Empfindlichkeit. Dies ist besonders bei der Bestimmung des wirtschaftlichen Wertes mindergehaltiger Erze erforderlich. Zu den besonderen Anwendungsmöglichkeiten gehören Daueranalyse von Erzen, die auf Förderband transportiert, oder von flüssigen Breien, die in Rohren weitergeleitet werden, und Bestimmung von Metallprozentsätzen in Legierungen und von Chrom- oder Nickelschichtdicken.

Der neue Analysator wiegt nur 6 kg (einschließlich aufladbarer Nickel/Kadmium-Zellen). Er verwendet Radioisotopquellen zur Erzeugung von Röntgenstrahlen oder Breitband-Bremsstrahlung. Diese bewirken bei den Grundstoffen einer Probe die Ausstrahlung charakteristischer Röntgen-Sekundärstrahlen, mittels der die Grundstoffe identifiziert werden können. Die Energien dieser Sekundärstrahlungen werden von einer Filterkombination ausgesiebt und von einem Szintillator-Fotovervielfacher erfaßt. Die sich ergebenden Impulse, die von einem elektronischen Impulszähler gezählt werden, bilden das Maß für den betreffenden Grundstoff.

Bei Inbetriebnahme wird die Abtaströhre auf die Erzprobe gesetzt und durch den Filter mit hoher Durchlässigkeit eine Zählung vorgenommen, die bei automatischer Steuerung 10 oder 100 Sekunden oder bei manueller bis zu 1000 Sekunden dauert. Dann wird für dieselbe Zeitdauer durch den zweiten Filter eine Zählung durchgeführt und diese automatisch von der ersten abgezogen. Der Zählungsunterschied, der digital angezeigt wird, repräsentiert den vorhandenen Metallgehalt.

Kurznachrichten

In **Somalia** sind **Uranlagerstätten** entdeckt worden, über die nähere Angaben noch nicht vorliegen. Ersten Berichten zufolge soll es sich um beachtenswerte Lagerstätten handeln, die auch Yttrium und andere seltene Mineralien enthalten.

Im **Südural** sind neue mächtige **Eisenerzlagerstätten** entdeckt worden, deren Vorräte zunächst überschläglich auf 1 Mrd. t geschätzt werden. Die Lager sollen Mächtigkeiten von 60 bis 80 m besitzen.

Die im Gebiet von Bathurst—Newcastle, Neubraunschweig, liegenden **kanadischen Kupfererzlagerstätten** verfügen über Vorräte von 4,1 Mill. t Erz. Es hat einen Durchschnittsgehalt von 0,82% Cu. Der Abbau erfolgt im Tagebau.

Die **Itabirite** des Reviers Mekambo in **Gabun** zählen zu den unerschlossenen Rohstoffen des Landes. Die dort lagernden Vorräte werden auf 860 Mill. t Erz geschätzt. Es soll einen Gehalt von 65% Fe haben. Für die Betreibung des Abbaus ist der Bau einer 560 km langen Bahnstrecke notwendig.

Die in **Neuseeland** kürzlich entdeckten **Nickellagerstätten** weisen Roherze mit Gehalten von 24,77% Ni und 19,68% Fe auf. Sie können als die reichsten der Welt betrachtet werden.

Die lateritischen **Nickelerze** von Greenvale **(Australien)** sind noch nicht abschließend erkundet. Die Kambalda-Erze, über die wir berichteten, weisen Vorräte von 6,89 Mill. t oxidische und sulfidische Erze mit 2,1 bis 3,6% Ni auf.

Die **Manganerzlagerstätte** Moanda in **Gabun** ist seit 1962 in Abbau. Es handelt sich um lateritische Verwitterungserze mit 48% Mn. Die Vorräte sollen 200 Mill. t betragen. Die gemeldete Produktion betrug 1,3 Mill. t Erz pro Jahr.

Die beiden in Karibib, 160 km nordwestlich von Windhoek **(Südwestafrika)**, in Förderung stehenden **Lithiumgruben** werden als äußerst ertragreich bezeichnet. Man schätzt die Vorräte dort auf insgesamt 1 Mill. t.

Mitte 1968 wurde nördlich von East London, an der Mündung des Flusses Kei, in der **Südafrikanischen Republik**, die **Ilmenit-Rutil-Zirkon**-Grube Cape Morgan in Betrieb genommen. Es wird mit einer laufenden Jahresförderung von 82000 t Roherz gerechnet.

In der kasachischen Hauptstadt Alma-Ata entsteht als eines der größten der **UdSSR** ein **Rechenzentrum für geologische Forschungen**. Hier sollen die Ergebnisse der geologischen Untersuchungen ausgewertet werden, an denen in dieser Republik allein 60000 Ingenieure, Wissenschaftler und Facharbeiter arbeiten.

Bei Gergheasa im Kreis Buzău wurde die bisher **tiefste Bohrung in der SR Rumänien** niedergebracht. Sie erreichte eine Endteufe von 6200 m. Ähnliche Bohrungen auf Kohlenwasserstoffe sind in den Bezirken Moldau und Oltenien sowie im Prahovatal vorgesehen.

In den nächsten Heften

der

Zeitschrift für angewandte Geologie

erscheinen u. a. folgende Beiträge

G. MILDE & P. DIETRICH: Beiträge der Hydrogeologie zur Suche von Feststofflagerstätten in Sedimenten

N. B. WASSOJEWITSCH, J. I. KORTSCHAGINA, N. W. LOPATIN, W. W. TSCHERNYSCHEW & K. A. TSCHERNIKOW: Die Hauptphase der Erdölbildung

W. C. LEBEDEW, W. M. OWSJAMIKOW, W. M. MOGILEWSKY & W. M. BOGDANOWA: Die Fraktionierung der Kohlenwasserstoffisotope durch mikrobiologische Prozesse in der biochemischen Zone

G. MILDE: Der Hohlrauminhalt Wasser. Beobachtungen zu seinen Veränderungen, Bewegungen und zu seinem Einfluß auf die Lagerstättenbildung aus hydrogeologischer Sicht

R. RÖSLER & R. STOLL: Die Bestimmung des Absorptionskoeffizienten seismischer Wellen für den Halbraum

V. MANHENKE: Zur Spezifik und ökonomischen Bewertung geologischer Gebietsressourcen

G. GALINSKY: Eine neue Bemusterungsmethode bei der Erkundung von Sanden und Kiesen

M. HANNEMANN: Geologische Gesichtspunkte bei der Ermittlung der Bodensteinigkeit im norddeutschen Flachland

W. JUNG & M. SPILKER: Über ein bemerkenswertes Tiefenkarstvorkommen

W. SCHIRRMEISTER: Der Einfluß der Ostsee auf die Lage der Versalzungsgrenze in küstennahen Grundwasserleitern

H. JORDAN & K. KERKMANN: Über faziell-ökologische Gliederungsmöglichkeiten im Zechstein

G. MILDE, U. HAGENDORF & H.-U. TETZLAFF: Zur paläohydrogeologischen Entwicklung des Jungmesozoikums und Alttertiärs im Bereich der Norddeutsch-polnischen Senke

O. LEENHARDT: Kontinuierliche seismische Präzisionsprofilierung

Herausgeber: Zentrales Geologisches Institut im Auftrag des Staatssekretariats für Geologie beim Ministerrat der Deutschen Demokratischen Republik. Für die kollektive Chefredaktion: Dr. K. KAUTER (Redaktionssekretär), Berlin. Redaktion: 1054 Berlin, Zionskirchstraße 34, (Fernsprecher 42 60 01). Verlag: Akademie-Verlag GmbH, 108 Berlin, Leipziger Straße 3–4 (Fernsprecher 22 04 41, Telex 0112020, Postscheckkonto: Berlin 35021). Bestellnummer des Heftes 1047/15/11. Alleinige Anzeigenannahme DEWAG-WERBUNG, 102 Berlin, Rosenthaler Str. 28–31, und alle DEWAG-Betriebe in den Bezirksstädten der DDR. Die „Zeitschrift für angewandte Geologie" erscheint monatlich, Exportpreis: M 6,– Sonderpreis für die DDR M 2,– je Heft. – Satz und Druck: VEB Druckhaus „Maxim Gorki", 74 Altenburg. Veröffentlicht unter der Lizenznummer 1279 des Presseamtes beim Vorsitzenden des Ministerrates der Deutschen Demokratischen Republik, Kartengenehmigung Nr. 405/69.

Zeitfracht Medien GmbH
Ferdinand-Jühlke-Straße 7
99095 Erfurt, Deutschland
produktsicherheit@kolibri360.de